内 容 简 介

本书是中国工程院重大咨询项目"战略性新兴产业发展重大行动计划研究"课题"节能环保产业发展重大行动计划研究"的研究成果。本书深入分析全球节能环保产业格局变化与未来发展重点，总结凝练中国"十二五"节能环保产业的成功经验，判断产业发展的需求及趋势，提出节能装备发展工程、绿色低碳技术综合创新示范工程、资源循环替代体系示范工程等重点工程的实施途径，为中国节能环保产业的发展、落地和实施提供科技支撑。

本书可供国家及地方政府决策管理者、企业投资者、科研人员及社会公众阅读参考。

图书在版编目（CIP）数据

节能环保产业发展重大行动计划研究 / 罗宏等著. —北京：科学出版社，2019.3

（战略性新兴产业发展重大行动计划研究丛书 / 钟志华，邬贺铨主编）

"十三五"国家重点出版物出版规划项目·重大出版工程规划

中国工程院重大咨询项目成果文库

ISBN 978-7-03-060573-3

Ⅰ. ①节… Ⅱ. ①罗… Ⅲ. ①环保产业-产业发展-研究-中国

Ⅳ. ①X324.2

中国版本图书馆 CIP 数据核字（2019）第 029983 号

责任编辑：陶 璇 / 责任校对：贾娜娜
责任印制：张 伟 / 封面设计：正典设计

科学出版社 出版
北京东黄城根北街 16 号
邮政编码：100717
http://www.sciencep.com
北京厚诚则铭印刷科技有限公司 印刷
科学出版社发行 各地新华书店经销

*

2019 年 3 月第 一 版 开本：720×1000 B5
2022 年 1 月第三次印刷 印张：9 1/4
字数：190 000
定价：98.00 元
（如有印装质量问题，我社负责调换）

"十三五"国家重点出版物出版规划项目·重大出版工程规戈

中国工程院重大咨询项目成果文库

战略性新兴产业发展重大行动计划研究丛书

丛书主编　钟志华　邬贺铨

节能环保产业
发展重大行动计划研究

罗　宏等　著

科学出版社

北　京

"战略性新兴产业发展重大行动计划研究"
丛书编委会名单

顾 问：

徐匡迪　　路甬祥　　周 济　　陈清泰

编委会主任：

钟志华　　邬贺铨

编委会副主任：

王礼恒　　薛 澜

编委会成员（以姓氏笔画为序）：

丁 汉	丁文华	丁荣军	王一德	王天然	王文兴
王华明	王红阳	王恩东	尤 政	尹泽勇	卢秉恒
刘大响	刘友梅	孙优贤	孙守迁	杜祥琬	李龙土
李伯虎	李国杰	杨胜利	杨裕生	吴 澄	吴孔明
吴以成	吴曼青	何继善	张 懿	张兴栋	张国成
张彦仲	陈左宁	陈立泉	陈志南	陈念念	陈祥宝
陈清泉	陈懋章	林忠钦	欧阳平凯	罗 宏	岳光溪
岳国君	周 玉	周 源	周守为	周明全	郝吉明
柳百成	段 宁	侯立安	侯惠民	闻邦椿	袁 亮
袁士义	顾大钊	柴天佑	钱清泉	徐志磊	徐惠彬

栾恩杰　高　文　郭孔辉　黄其励　屠海令　彭苏萍
韩　强　程　京　谢克昌　强伯勤　谭天伟　潘云鹤

工作组组长：周　源　刘晓龙

工作组（以姓氏笔画为序）：

马　飞　王海南　邓小芝　刘晓龙　江　媛　安　达
安剑波　孙艺洋　孙旭东　李腾飞　杨春伟　张　岚
张　俊　张　博　张路蓬　陈必强　陈璐怡　季桓永
赵丽萌　胡钦高　徐国仙　高金燕　陶　利　曹雪华
崔　剑　梁智昊　葛　琴　裴莹莹

"战略性新兴产业发展重大行动计划研究"丛书序

中国特色社会主义进入了新时代，中国经济已由高速增长阶段转向高质量发展阶段。战略性新兴产业是以重大技术突破和重大发展需求为基础，对经济社会全局和长远发展具有重大引领带动作用的产业，具有知识技术密集、物质资源消耗少、成长潜力大、综合效益好等特点。面对当前国际错综复杂的新形势，发展战略性新兴产业是建设社会主义现代化强国，培育经济发展新动能的重要任务，也是促进我国经济高质量发展的关键。

党中央、国务院高度重视我国战略性新兴产业发展。习近平总书记指出，要以培育具有核心竞争力的主导产业为主攻方向，围绕产业链部署创新链，发展科技含量高、市场竞争力强、带动作用大、经济效益好的战略性新兴产业，把科技创新真正落到产业发展上[①]。党的十九大报告也提出，建设现代化经济体系，必须把发展经济的着力点放在实体经济上，把提高供给体系质量作为主攻方向，显著增强我国经济质量优势[②]。要坚定实施创新驱动发展战略，深化供给侧结构性改革，培育新增长点，形成新动能。

为了应对金融危机，重振经济活力，2010 年，国务院颁布了《国务院关于加快培育和发展战略性新兴产业的决定》；并于 2012 年出台了

---

① 中共中央文献研究室. 习近平关于科技创新论述摘编. 中央文献出版社, 2016
② 习近平. 决胜全面建成小康社会　夺取新时代中国特色社会主义伟大胜利. 人民出版社, 2017

《"十二五"国家战略性新兴产业发展规划》，提出加快培育和发展节能环保、新一代信息技术、生物、高端装备制造、新能源、新材料、新能源汽车等战略性新兴产业；为了进一步凝聚重点，及时调整战略性新兴产业发展方向，又于 2016 年出台了《"十三五"国家战略性新兴产业发展规划》，明确指出要把战略性新兴产业摆在经济社会发展更加突出的位置，重点发展新一代信息技术、高端制造、生物、绿色低碳、数字创意五大领域及 21 项重点工程，大力构建现代产业新体系，推动经济社会持续健康发展。在我国经济增速放缓的大背景下，战略性新兴产业实现了持续快速增长，取得了巨大成就，对稳增长、调结构、促转型发挥了重要作用。

中国工程院是中国工程科技界最高荣誉性、咨询性学术机构，同时也是首批国家高端智库。自 2011 年起，配合国家发展和改革委员会开展了"战略性新兴产业培育与发展""'十三五'战略性新兴产业培育与发展规划研究"等重大咨询项目的研究工作，参与了"十二五""十三五"国家战略性新兴产业发展规划实施的中期评估，为战略性新兴产业相关政策的制定及完善提供了依据。

在前期研究基础上，中国工程院于 2016 年启动了"战略性新兴产业发展重大行动计划研究"重大咨询项目。项目旨在以创新驱动发展战略、"一带一路"倡议等为指引，紧密结合国家经济社会发展新的战略需要和科技突破方向，充分关注国际新兴产业的新势头、新苗头，针对《"十三五"国家战略性新兴产业发展规划》提出的重大工程，提出"十三五"战略性新兴产业发展重大行动计划及实施路径，推动重点任务及重大工程真正落地。同时，立足"十三五"整体政策环境进一步优化和创新产业培育与发展政策，开展战略性新兴产业评价指标体系、产业成熟度深化研究及推广应用，支撑国家战略决策，引领产业发展。

经过两年的广泛调研和深入研究，项目组编纂形成"战略性新兴产业发展重大行动计划研究"成果丛书，共 11 种。其中 1 种为综合卷，即《战略性新兴产业发展重大行动计划综合研究》；1 种为政策卷，即《战略性新兴产业：政策与治理创新研究》；9 种为领域卷，包括《节能环保产业发展重大行动计划研究》《新一代信息产业发展重大行动计划研究》《生物产业发展重大行动计划研究》《能源新技术战略性新兴产业重大行动计划研究》《新能源汽车产业发展重大行动计划研究》《高端装备制造业发展重大行动计划研究》《新材料产业发展重大行动计划研究》《"互联网+智能制造" 新兴产业发展行动计划研究》《数字创意产业发展重大行动计划研究》。本丛书深入分析了战略性新兴产业重点领域以及产业政策创新方面的发展态势和方向，梳理了具有全局性、带动性、需要优先发展的重大关键技术和领域，分析了目前制约我国战略性新兴产业关键核心技术识别、研发及产业化发展的主要矛盾和瓶颈，为促进"十三五"我国战略性新兴产业发展提供了政策参考和决策咨询。

2019 年是全面贯彻落实十九大精神的深化之年，是实施《"十三五"国家战略性新兴产业发展规划》的攻坚之年。衷心希望本丛书能够继续为广大关心、支持和参与战略性新兴产业发展的读者提供高质量、有价值的参考。

前　言

随着全球经济和人口的快速增长，资源短缺、环境恶化等全球性问题更加凸显，为解决资源环境问题，全球各国纷纷出台相关政策投入资金大力发展节能环保产业，节能环保产业具有巨大的市场潜力，已经成为全球一个新的经济增长点。截至 2016 年，全球节能环保产业年均增长率达到 10%，节能环保技术向智能化、高端化、纵深化、综合化发展。

大力发展节能环保产业是中国实现生态文明建设、绿色低碳发展、供给侧改革、建设美丽中国的重要抓手。中国政府高度重视发展节能环保产业，将节能环保产业确定为重点培育和实现跨越式发展的战略新兴产业及国民经济的支柱。在"十二五"期间，中国节能环保产业得到了快速的发展，在产业政策、产业规模、技术水平、融资渠道等方面取得了积极进展。第一，重视顶层设计，制定和实施相关政策。国家陆续发展《"十二五"国家战略性新兴产业发展规划》《"十二五"节能环保产业发展规划》《国务院关于加快发展节能环保产业的意见》等重大规划和政策措施，为节能环保产业发展指明了方向。第二，扩大产业规模，基础良好区域率先发展。产值由 2010 年的约 2 万亿元增长到 2015 年的约 4.55 万亿元，年均增长率超过 15%，形成委托承包、BOT（build-operate-transfer，建设-经营-转让）、BOO（building-owning-operation，建设-拥有-经营）、TOT（transfer-operate-transfer，转让-经营-转让）等多种商务模式和京津冀、长江三角洲、珠江三角洲等集聚发展区。第三，大幅提升技术水平，突破重点领域关键技术。发明专利申请数量由 2010 年的 31 917 件上升至 2014 年的 70 559 件。第四，拓展融资渠道，多元化投融资格局基本形成。政府不断加大对节能环保产业的投资力度， 2015 年治污总投资达到 8800 多亿元，约占 GDP 的 1.3%。而且，不断引入社会资本，基本形成 PPP（public-private-partnership，政府和社会资本合作）、第三方治理、绿色金融、产业基金等多元化投融资格局。

虽然"十二五"时期节能环保产业高速发展，但是仍存在产业信息化路径不明确，融资手段尚不能满足产业资金缺口，无序竞争问题仍然突出，政策频发但落地困难，PPP项目运行实施出现漏洞等问题。因此，在"十三五"新战略、新政策的产业发展需求下，节能环保产业发展保持着持续飘红的产业发展态势。产业结构趋向软化，产业集中度和渗透力度大幅度提升；互联网逐渐与监测技术、智能节能系统、再生资源回收利用领域等相融合；节能环保产业跨界平台构建整合资源，产业联盟逐渐兴起；构建全产业链绿色发展，一站式绿色低碳综合解决方案成为主流。

"十三五"时期，节能环保产业仍然是政府、企业、民众关注的重点，是经济新常态下的新的增长点，也是企业开拓市场空间的重点，更是改善民众生活环境质量的关键要素。由于"十二五"时期是节能环保产业政策的爆发时期，那么"十三五"时期的主要任务就是针对目前的问题，以及发展需求和趋势，具体落实和实施颁布的政策，细化重点工程和实施途径，把制度和政策真正落实到地，实际解决问题，保障需求。本书立足《"十三五"国家战略性新兴产业发展规划》，主要从重点工程的战略地位、国内外现状、实施内容、实施可行性、资金来源，以及与"十二五"已有项目的衔接等方面提出其具体的实施途径，为重大行动计划的实施提供依据和支撑。重点工程主要包括节能技术装备发展工程、绿色低碳技术综合创新示范工程和资源循环替代体系示范工程，工程范围涵盖了节能、环保、资源循环利用和低碳各领域。

本书在罗宏、裴莹莹、杨占红、吕连宏、张保留等同志的努力下共同完成。同时，本书在编写的过程中，得到了多位院士、专家的指导。在此表示深深的感谢。本书涉及内容广泛，资料丰富，具有较高的参考价值。

罗　宏

2019 年 2 月

目　　录

第1章 全球节能环保产业格局变化与未来发展重点

1.1 产业格局：产业重心逐渐由发达国家向发展中国家转移

"十二五"期间，节能环保产业已经成为全球一个新的经济增长点，截至 2016 年，全球节能环保产业年均增长率达到 10%，介于制药业和信息业，高于计算机业。在节能产业领域，2015 年节能产品、装备与技术市场全球新增能效投资额为 2210 亿美元，其中超过一半的新增投资集中在建筑领域（表 1-1）。增加的节能产品和节能服务的总支出说明，全球经济整体正在向提高能效的方向高速发展。在节能服务产业领域，2015 年全球专业节能服务公司的收入为 242 亿美元。其中，中国节能服务公司的收入达到了 133 亿美元（图 1-1），是全球最大的市场，伴随接连几个五年计划的节能优惠政策和相关补贴，一直发展迅速。

表 1-1   2015 年各领域全球新增节能投资

产业	细分领域	比重/%	产业占比/%
建筑	建筑物围护结构	25	53
	暖通空调和控制	12	
	电气用具	6	
	照明设备	10	
工业	能源密集型工业	9	18
	其他工业领域	9	
交通	轻型汽车	15	29
	货运汽车	1	
	铁路、船舶、航空	13	

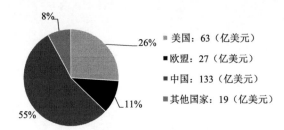

图 1-1 不同国家（地区）2015 年节能服务公司收入情况

在环保产业领域，2015 年全球环保产业市场规模达到约 10 538 亿美元（图 1-2）。美国是全球最大的环保产业市场，在全球市场中占有 3030 亿美元的份额。从 2015 年欧盟统计局对欧盟 28 国环保产业的统计数据来看，其环保产业总产值占国内生产总值（gross domestic product，GDP）的比重一直保持在 3% 以上的水平，且呈持续增长态势。到 2020 年，全球环保产业预计将达到约 19 000 亿美元。

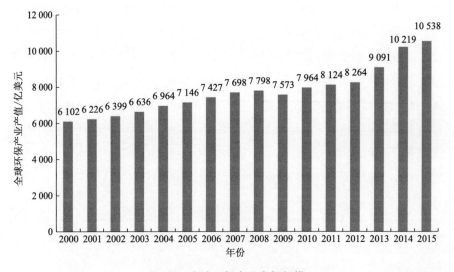

图 1-2 全球环保产业市场规模

在资源循环利用产业领域，其市场日益全球化。联合国商品贸易数据库的数据显示，2015 年，全球各国所有再生资源的出口接近 1.8 亿吨，价值超过 860 亿美元。其中，美国是世界最大的回收商品出口国，美国的含铁废料、废铜、废铝、废纸、塑料废品、含镍废料等的出口额位居世界第一，法国的含铅废料与含锌废料出口额位居世界第一；中国是世界最主要的回收商品消费国（包括废料），中国对于含铁废料、废铜、废铝、废纸、塑料废品等的进口量位居世界第一，印度的含铅废料与含锌废料进口额位居世界第一。再生资源的市场在全球范围内远未达到双边平衡。

总体来看，虽然发达国家仍然占据全球节能环保产业的主导地位（美国、日本、德国、法国、加拿大等国家占据超过 60% 的市场份额，欧盟、日本等的再生资源产业的发展也一直处于世界领先水平，已经建立起比较成熟的废旧物资回收网络和交易市场），但是发达国家节能环保产业已经呈现出成熟工业的特征，如增长速度减缓、同行竞争激烈、利润减少、企业兼并频繁等。美国商务部国际贸易管理局发布的调研与分析显示，未来具有巨大开发潜力的环保市场将主要集中在中国、墨西哥、印度等发展中国家，发展中国家的节能环保市场保持着高速发展，在全球市场的份额不断增加。因此，发达国家积极在发展中国家寻找机会，重点开拓发展中国家市场。

1.2　技术趋势：技术由单一化向智能化、高端化、综合化发展

在节能产业中，建筑领域的新技术发展趋势是建设"零能源建筑"。工业领域的新技术发展重点将集中在工业余热的循环利用。在环保产业中，零液体排放、智慧水务、应对极端天气的新型水资源管理技术是水处理/污水处理领域新技术的发展趋势。其中零液体排放系统采用根据生产流程定制的先进处理技术套件，如蒸发器、盐水浓缩器和结晶器，将工业废水进行深度处理达到高纯度再进行循环利用。采用零液体排放系统的公司不产生污水，同时，可以避免污水排放许可和监管成本。零液体排放系统的技术套件目前在工业领域得到快速扩展，特别是用于发电、石油和天然气及化工行业。燃煤电厂排放控制技术、固体废弃物转化技术等也是目前技术发展的重点。与传统的废弃物焚烧方法不同，固体废弃物的转化新技术主要包括气化、等离子弧气化、热解和热解聚等。

新材料技术、新能源技术、生物工程技术正源源不断地被引进节能环保产业，以实现节能环保产业的多学科交叉融合发展，实现技术的高端化；

大数据、云计算、无线通信技术、物联网等手段也不断应用于节能环保技术，以建立实时监控的环境监控信息系统，实现产品和装备的节能和环保智能控制；更加强调"三高一低"的技术装备，即高附加值、高提取率、高利用率和低成本，以实现技术产品的纵深化，比如大力研发和发展海水淡化先进技术等。

1.3　发展重点：市场由制造业向综合服务业发展

发达国家的环保产业已进入平稳发展期，具有以下特点：一是环保产业倾向于源流控制和全过程管理，逐步由污染治理向资源管理转变；二是未来发展的焦点将继续集中在综合环境服务业。以欧盟为例，其环保污染处理技术已处于世界领先地位，进而向自然资源管理、清洁生产等方向发展，自然资源管理与清洁生产的产值快速增加，目前自然资源管理产值已接近环境污染治理产值的 3 倍。美国的环保产业发展较早，也较为成熟，具有代表性。2015 年的数据显示，美国的环保服务行业占比很大，达到 79%，环保相关的制造业占 21%。其中，水处理厂、水务事业与固体废弃物管理是环保服务业的主要领域，并且各类环保服务业企业在提高能效、污染修复、技术服务、项目咨询、环境服务等各个领域都有分布，新兴的企业多为环境服务类轻资产、高技术类企业。美国环保产业市场具体分布情况请参见表 1-2。

表 1-2　2015 年美国环保产业市场概况

产业	细分领域	金额/十亿美元	总额/十亿美元
制造业	水处理设备和化学药剂	30.5	67.1
	大气污染防控	16.0	
	仪器和信息系统	6.3	
	废弃物管理设施	12.2	
	处理和防治技术	2.1	
服务业	水处理厂	55.9	253.3
	水务事业	54.6	

续表

产业	细分领域	金额/十亿美元	总额/十亿美元
服务业	工程咨询	28.9	253.3
	环境修复及工业服务	14.2	
	分析化验	1.9	
	固体废弃物管理	57.9	
	危险废物管理	10.8	
	资源回收	29.1	

1.4　政策需求：节能环保产业利于企业突破贸易壁垒

随着国际市场消费趋势的转变，不注重绿色消费的产品逐渐被抵制，环境保护已经成为国际贸易的重要准则。世界贸易组织对环境保护问题十分重视，《马拉喀什建立世界贸易组织协定》在前言中表明：成员应按照持续增长的目标，考虑优化使用自然资源，努力保护环境，并通过与各成员在不同经济发展水平上的需要和关注相结合的方式，来加强环保手段。凡是不符合环境标准的物品不能进口和出口。许多发达国家也陆续以环保生态环境、自然资源和人类健康为由，通过颁布复杂多样的环保法规、条例，建立严格的环境技术标准和产品包装要求，建立烦琐的检验认证和审批制度，以及征收环境进口税等方式，对进口产品设置贸易障碍。日益严厉的国际贸易壁垒，将促进绿色产品和环保产业的发展，绿色产品将在国际市场上逐步占据主导地位。

第 2 章　中国"十二五"节能环保产业成功经验及存在的问题

"十二五"以来，中国节能环保产业已进入高速发展期，产业规模、产业结构、技术水平和市场化程度都得到大幅提升，已发展成为产业门类基本齐全，并具有一定经济规模的产业体系。节能环保产业获得的良好发展主要依赖于重视顶层设计，自上而下通过政策引导、规划推动和工程带动，在产业发展模式创新、机制体制创新、技术研发培育等方面取得了一些成功的经验。及时总结节能环保产业培育与发展中的成功经验对于进一步加快发展节能环保产业，使之成为新一轮经济发展的增长点并最终成为国民经济支柱产业具有重要的指导意义。

2.1　中国"十二五"节能环保产业成功经验

2.1.1　重视顶层设计，制定和实施相关政策

1. 重视顶层设计

为了培育发展战略性新兴产业，无论市场主导型还是政府主导型国家，均非常重视新兴产业发展的"顶层设计"，并通过制定和实施严格的产业发展规划、扶持政策等使其得到贯彻落实。"十二五"期间，国家陆续发布了《"十二五"国家战略性新兴产业发展规划》《"十二五"节能环保产业发展规划》《国务院关于加快发展节能环保产业的意见》等重大规划和政策措施，为节能环保产业发展指明了方向。同时，2015 年 5 月 19 日，国务院正式印发的《中国制造 2025》也明确提出了"绿色制造工程"，开展重大节能环保、资源综合利用、再制造、低碳技术产业化示范等。

2. 颁布细化政策

节能环保的具体领域中，相关细化的指导政策也陆续颁布，如 2015 年 12 月 30 日，国家发展和改革委员会（简称国家发改委）和国家质量监督检验检疫总局联合发布了《高效节能锅炉推广目录（第一批）》，国家发改委分别于 2014 年 8 月 25 日和 2015 年 12 月 6 日发布了《国家重点推广的低碳技术目录（第一批）》（简称"第一批"）和《国家重点推广的低碳技术目录（第二批）》（简称"第二批"），并于 2016 年 3 月开始向社会各界征集第三批的低碳技术目录，2015 年 12 月 30 日发布了《国家重点节能低碳技术推广目录（2015 年本，节能部分）》（同时 2014 年本，节能部分废止）。各项节能低碳政策的发布和推广，极大地推动了节能环保相关产业的发展。2015 年 4 月 2 日，国务院发布了《水污染防治行动计划》（简称"水十条"），"水十条"通过加大治污投资力度、大幅提升污染治理科技、环保装备研制和产业化水平等措施，带动环保产业新增产值约 1.9 万亿元，其中直接购买环保产业产品和服务约 1.4 万亿元。2015 年 4 月 14 日，国家发改委发布了《2015 年循环经济推进计划》；2015 年 6 月 12 日，财政部和国家税务总局联合发布了《资源综合利用产品和劳务增值税优惠目录》，循环经济和资源综合利用相关政策的发布，对进一步推动资源综合利用和节能减排，发展循环经济，促进资源循环利用产业的发展起到了引导和保障作用。

3. 地区响应政策

为响应国家号召，落实国家政策，安徽、湖南、广西、江苏、重庆、山西、浙江、湖北、广东、上海、贵州和河南等发布了地方版的"十二五"节能环保产业发展规划，以及国家政策的配套措施，进一步明确了节能环保产业的发展目标、方向和任务，为推动各地区节能环保产业的发展做了更为明确和具体的指导，促进了节能环保产业的发展。

2.1.2　扩大产业规模，基础良好区域率先发展

1. 扩大整体规模效益

"十二五"以来，在保增长、促转型、调结构的新形势下，国家出台

了一系列利好政策，将节能环保产业确定为"十二五"期间重点培育和实现跨越式发展的战略性新兴产业和国民经济的支柱产业，各项政策措施显著拉动了市场需求，扩大了市场空间，产业规模得到快速提升，产值由 2010年的约 2 万亿元增长到 2015 年的约 4.55 万亿元，年均增长率超过 15%，达到《"十二五"节能环保产业发展规划》设定的年均增长 15%的目标，成为"十三五"期间经济形势的亮点，节能环保产业历年发展趋势详见图 2-1。

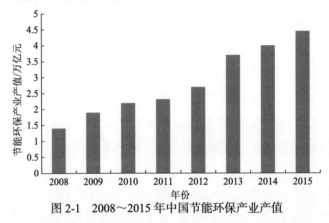

图 2-1　2008～2015 年中国节能环保产业产值

节能环保产业的快速发展，反映了节能产业、环保产业、资源循环利用产业的迅速扩张。节能产品推广效果明显，截至 2014 年 12 月，中国质量认证中心颁发自愿性产品认证证书 26 742 张，其中节能认证证书 12 007张，低碳证书近 80 张，环保证书 568 张；环保产业的发展带动从业人员数量急速增长，从业单位数从 1993 年的 8651 个迅速发展至 2011 年的 23 820个，从业人数也由 1993 年的 188.2 万人扩大至 2011 年的 319.6 万人，运行质量和效益进一步提高。同时，中国环保产业开始逐步拓展国际市场，出口合同额由 2000 年的 14.1 亿美元增至 2011 年的 333.8 亿美元；2015 年末产值超过 1.5 万亿元，约占国民生产总值的 2.96%，解决就业人口近 3000万人，专业从事资源循环利用的企业约 3 万家。其中，大宗工业固体废物2015 年产生量 36.8 亿吨，综合利用率 48%，综合利用产值达 8500 亿元，比 2010 年产生量增长近 7 亿吨，综合利用率提高近 8 个百分点，综合利用产值增长约 3000 亿元；主要再生资源 2015 年回收利用量约 2.4 亿吨，回收利用率 70%，回收利用产值达 6500 亿元，比 2010 年回收利用量增长 6亿吨，回收利用率提高 6 个百分点，回收利用产值增长 2000 亿元。

2. 结合基础开展区域发展

在区域发展上，基础良好和需求旺盛的区域率先发展。东部地区凭借其良好的经济实力、投资能力、外贸优势，抓住先机，在节能环保技术研发、项目设计和咨询、企业投融资服务等高端领域处于领先地位。长江三角洲（简称长三角）区域环保产业基础最为良好，是中国环保产业最为聚集的地区，目前已初步形成了以宜兴、常州、苏州、南京、上海等城市为核心的环保产业集群。图 2-2 和图 2-3 表明，珠江三角洲（简称珠三角）区域重点发展技术密集、资金密集、人才密集的环保服务业、环保产品和洁净产品生产。广州、深圳作为珠三角区域环保服务业两大核心地区，正在建立多个环保专项技术研发中心，成为珠三角区域环保产业自主创新的主要地区。环渤海区域依托北京技术和人才优势，结合天津循环经济和制造业基地等优势，形成北方节能环保技术开发转化中心。中部地区基础不及东部，但也具备一定的基础，重点发展环保装备制造业，如湖北不断加大环保投资，重点发展脱硫脱硝、固体废弃物处置、水处理设备制造业等领域；湖南拥有中国最大环卫环保装备制造企业，大力发展以环保节能设备、水处理、大气污染防治和固体废弃物利用为主导的环保产业；安徽在发挥合肥科技创新城市优势的同时，从合芜蚌地区向周围延伸发展环保产业。西部地区由于经济基础薄弱、资源限制等，发展滞后且速度较慢。区域发展的不平衡，导致空间布局上形成了环渤海、长三角、珠三角三大核心区域聚集发展的"沿海环保产业发展带"和东起上海沿长江至四川等省份的"中部沿江发展轴"。

从绩效分析角度，对环保产业的重点发展区域，从规模结构效率、资源配置效率和技术进步等维度进行分析。图 2-2 和图 2-3 表明，环渤海区域：技术开发转化和人力资源优势明显，环境保护服务行业规模指标高于其他区域。此外，该区域环保产业园以资源循环利用产业为主，但是从事废旧金属精加工较少，综上，未来该区域应向综合环境服务和废旧金属精加工为主的产业园区发展。长三角区域：中国环保产业最为聚集的地区，发展起步早，产业规模大。但是长三角区域环保产业经济效益较低，发展潜力不足。此外，该区域的产业园区类型多样，环保装备制造类、环境服务类、综合类的环保产业园区都已脱颖而出。因此，未来该区域应逐步向高端化、综合化发展。中部沿江发展轴：环保产业规模和环渤海区域相近，但相较于环渤海区域，中部沿江发展轴在人力资源和技术转化上不占优势，未来在保持环保装备制造优势的基础上应大力发展环境保护服务业，促进区域环保产业结构升级。珠三角区域：环保产业在重点发展区域中规模占比最小，但经济效益较高，发展潜力也较强，未来在继续保持现有发展潜力和经济效益的优势上可适当扩大产业规模。此外，该区域的产业园以环境服务产业为主，环境保护装备制造产业园区和资源循环利用产业园区也蓬勃发展，未来逐渐向综合技术、研发、融资等环境综合服务平台迈进，并同时重点发展高端环保技术和产品。

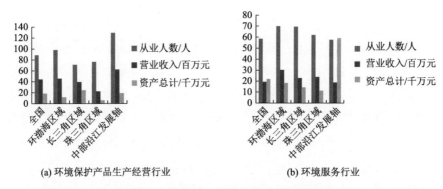

(a) 环境保护产品生产经营行业　　　　　(b) 环境服务行业

图 2-2　重点发展区域环保企业规模对比

数据来源:《2011 年全国环境保护相关产业状况公报》

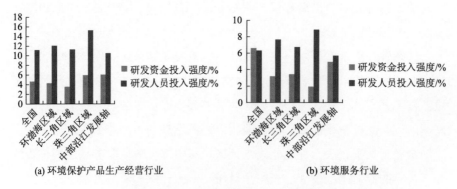

(a) 环境保护产品生产经营行业　　　　　(b) 环境服务行业

图 2-3　重点发展区域研发投入指标对比

数据来源:《2011 年全国环境保护相关产业状况公报》

3. 上市企业多集中在经济活跃区域

根据 2015 年在上证主板、深证主板、中小板及创业板全部上市企业自行公布的企业年报，选取环保产业营业收入占全部营业收入比例超过 10% 的企业作为研究对象，经筛选后的上市公司有 55 家。根据主营业务比重，将 55 家企业划分为水污染治理、大气污染治理、综合环境服务、资源循环利用、环境监测和生态修复六类，其数量及股票简称见表 2-1。2015 年 55 家上市环保企业注册地址在四大经济板块的分布数量见表 2-2。从表 2-2 可以看出，2015 年东部地区聚集了 36 家上市环保企业，相比中部地区的 10 家、西部地区的 8 家和东北地区的 1 家，占有绝对的地理集中优势。中国东部地区经济总体较为发达，中小企业比较活跃，信息、交通和各项服务都比较便捷，同时政府在政策方面也给予新兴中小企业特别是环保企业很多支持，这些都导致环保企业注册地在地理分布上呈现出东多西少的特征。

表 2-1　六类上市环保企业数量及股票简称

类别	企业数量/家	股票简称
水污染治理	18	国祯环保、万邦达、碧水源、神雾环保、博世科、南方汇通、中原环保、国中水务、武汉控股、洪城水业、开能环境、兴蓉环境、天翔环境、环能科技、津膜科技、创业环保、兴源环境、重庆水务
大气污染治理	10	清新环境、三维丝、龙净环保、威孚高科、科林环保、科融环境、雪浪环境、龙源技术、菲达环保、远达环保
综合环境服务	10	盛运环保、首创股份、高能环境、瀚蓝环境、汉威电子、启迪桑德、永清环保、中电环保、维尔利、众合科技
资源循环利用	9	龙马环卫、格林美、长青集团、东江环保、凯迪生态、凯美特气、中国天楹、秦岭水泥、伟明环保
环境监测	6	盈峰环境、理工环科、雪迪龙、先河环保、天瑞仪器、聚光科技
生态修复	2	铁汉生态、美尚生态

表 2-2　2015 年上市环保企业注册地址在四大经济板块的分布

地区分布	上证主板企业数量/家	深证主板企业数量/家	中小板企业数量/家	创业板企业数量/家	合计/家
东部地区	8	4	7	17	36
中部地区	2	3	1	4	10
西部地区	3	2	0	3	8
东北地区	1	0	0	0	1

2015 年，55 家上市环保企业注册地址在各省份的分布情况见表 2-3。

表 2-3　2015 年上市环保企业注册地在各省份的分布

省份	生态修复企业数量/家	环境监测企业数量/家	资源循环利用企业数量/家	大气污染治理企业数量/家	水污染治理企业数量/家	综合环境服务企业数量/家	合计企业数量/家
江苏	1	1	1	4	0	2	9
北京	0	1	0	1	3	2	7
广东	1	1	3	0	0	1	6
浙江	0	2	1	1	1	1	6
福建	0	0	1	2	0	0	3
四川	0	0	0	0	3	0	3
湖北	0	0	1	0	1	1	3
河南	0	0	0	0	1	1	2
湖南	0	0	1	0	0	1	2
天津	0	0	0	0	2	0	2
重庆	0	0	0	1	1	0	2
安徽	0	0	0	0	1	1	2
广西	0	0	0	0	1	0	1
贵州	0	0	0	0	1	0	1
河北	0	1	0	0	0	0	1
黑龙江	0	0	0	0	1	0	1
江西	0	0	0	0	1	0	1
山东	0	0	0	1	0	0	1
陕西	0	0	1	0	0	0	1
上海	0	0	0	0	1	0	1

从表 2-3 可以看出，在 55 家上市环保企业中，2015 年江苏省拥有上市环保企业 9 家，数量位居全国首位，其他拥有较多上市环保企业的省（直辖市）包括北京市（7 家）、广东省（6 家）、浙江省（6 家），以上 4 个省（直辖市）拥有的上市环保企业数量合计占总数的 51%。从企业类别来看，江苏省注册的大气污染治理企业最多，为 4 家；北京市注册的水污染治理企业最多，为 3 家；广东省则拥有 3 家资源循环利用企业；浙江省的上市环保企业类别分布比较平均。

　　近年来中国环保产业快速发展，在空间布局上呈集聚发展态势，形成了京津冀、长三角、珠三角、长株潭等集聚发展区。尽管东部地区环保产业发展处于全国领先地位，但相对国外环保产业发展仍处于初期阶段，需进一步加强聚集，加强区域间的合作。

2.1.3　大幅提升技术水平，突破重点领域关键技术

1. 提高创新能力

　　节能环保产业的整体创新能力不断提升，节能环保产业发明专利申请数量由 2010 年的 31 917 件上升至 2014 年的 70 559 件。以环保产业为例，2011 年，全国环保产业从业单位 23 820 个，其中具有研发能力的企业 2385 个，环保产业有研发能力的企业（研发经费投入不为零）占 10.01%，略高于中国工业企业有研发能力的企业占比（中国工业企业有研发能力的企业占比为 10% 左右）。目前，中国的环保产业技术研发经费投入以企业自有资金投入为主，政府和金融机构的支持为辅。在研发人员投入方面，全国环境保护及其相关产业从业人员 319.5 万人，其中研发人员 17.04 万人，占从业人员总数的 5.33%。在技术创新成果方面，已获专利证书 30 116 个；形成新产品的销售产值 2221.47 亿元，占环保产业总产值的约 7%；形成新产品的出口创汇 45.11 亿美元，占环保产业总出口创汇的约 13%。2011 年全国环保产业研发投入与技术创新情况见表 2-4。

表 2-4　2011 年全国环保产业研发投入与技术创新情况

项目	从业单位数/个	有研发活动企业数/个	研发经费投入/亿元	研发经费投入强度/%	研发人员投入/万人	研发人员投入强度/%	已获专利证书数量/个	形成新产品的销售产值/亿元	形成新产品的出口创汇/亿美元
全国	23 820	2 385	342.72	1.11	17.04	5.33	30 116	2 221.47	45.11

　　注：①数据来源于 2011 年全国环境保护及相关产业基本情况调查，由于数据来源有限，表中数据不含西藏，以及香港、澳门和台湾地区；②表中数据经过舍入修约

　　从研发投入总量看，各地区环保产业研发投入水平不均衡，研发经费和人员投入主要集中在东部地区，见表 2-5。江苏、上海、山东、北

京、浙江、广东、福建等地区的节能环保企业是中国环保产业自主创新的中坚力量，其研发投入总量高于全国平均水平。特别是江苏，研发投入遥遥领先于其他地区。西部地区的研发经费和人员投入均低于全国平均水平。研发投入占比与各地区环保产业发展水平及地方经济发展水平基本相符。

表 2-5　各地区环保产业研发投入与技术创新情况

地区	研发经费投入/亿元	研发经费投入强度/%	研发人员投入/万人	研发人员投入强度/%	已获专利证书数量/个	形成新产品的销售产值/亿元	形成新产品的出口创汇/亿美元
北京	22.5626	1.14	1.014	7.38	11.39	58.0942	0.4818
天津	6.7312	0.57	0.2953	5.15	26.17	23.7107	0.3215
河北	4.4491	0.82	0.745	6.81	3.31	17.6848	0.0469
山西	1.4878	0.45	0.1714	3.06	2.57	20.1184	0
内蒙古	0.7703	0.86	0.0487	1.26	38.88	7.7686	0.0025
辽宁	4.8772	0.35	0.9408	4.87	25.16	15.4533	0.2446
吉林	4.6377	0.17	0.2482	3.89	6.79	2.8317	0.0057
黑龙江	7.2494	2.33	0.2148	2.66	4.80	3.9317	0.0998
上海	36.3481	1.08	0.8955	7.38	1.25	665.6594	0.1483
江苏	90.7548	2.41	2.3639	6.39	2.37	178.8488	2.1934
浙江	18.6436	0.84	1.1829	4.68	8.56	83.8738	1.7378
安徽	7.2289	0.52	0.9194	6.52	14.40	48.1755	0.519
福建	13.5733	1.36	0.791	6.62	5.57	310.6977	32.7321
江西	9.5522	1.19	0.3297	3.85	10.14	159.3426	0.1781
山东	29.2759	2.17	1.3441	6.58	6.42	128.1722	1.0367
河南	9.7262	0.98	0.4774	3.66	17.30	35.0024	0.5675
湖北	18.7409	1.18	0.7939	6.09	6.50	51.7921	0.8104
湖南	9.9404	1.85	0.3439	4.43	1.64	52.5857	0.2591
广东	15.6996	0.49	2.2885	6.50	8.57	209.7796	3.5744
广西	4.7665	1.56	0.1194	2.53	89.63	55.0126	0.0054
海南	1.1521	0.98	0.0148	1.51	80.05	0.216	0
重庆	4.7774	0.47	0.3588	2.95	8.04	36.3475	0.0655

地区	研发经费投入/亿元	研发经费投入强度/%	研发人员投入/万人	研发人员投入强度/%	已获专利证书数量/个	形成新产品的销售产值/亿元	形成新产品的出口创汇/亿美元
四川	7.1953	1.20	0.5546	4.64	8.47	25.22	0.0194
贵州	1.1026	0.35	0.0625	1.47	20.72	0.7149	0.0051
云南	2.8029	2.88	0.0844	3.26	11.61	7.9261	0.0004
陕西	4.6578	1.45	0.2464	7.36	3.59	13.394	0.0058
甘肃	0.4466	1.01	0.0299	3.58	2.51	1.6037	0
青海	0.3572	1.05	0.0536	4.29	16.88	1.7999	0
宁夏	0.3554	1.30	0.0304	2.23	10.97	0.6242	0.03
新疆	2.8674	2.15	0.0754	1.97	3.75	5.0872	0.0284

注：①数据来源于 2011 年全国环境保护及相关产业基本情况调查，由于数据来源有限，表中数据不含西藏，以及香港、澳门和台湾地区；②表中数据经过舍入修约

水污染控制技术和大气污染控制技术领域是环境技术创新的重点领域，土壤污染治理与修复技术、辐射污染防护技术研发投入薄弱。从表 2-6 可以看出，水污染控制技术和大气污染控制技术领域是环境技术创新的重点领域，具有研发能力的从业单位数和研发经费投入分别占全部细分行业总数的 69% 和 70% 左右，已获专利证书数量、形成新产品的销售产值和形成新产品的出口创汇分别占全部细分行业的 73%、92% 和 68% 左右。而土壤污染治理与修复技术、辐射污染防护技术研发领域的研发能力薄弱，具有研发能力的企业和研发经费投入均占全部细分行业的 1%。环境服务领域作为环保产业转型升级的重要发展领域，其技术创新能力有待提高。

表 2-6　环保产业细分领域研发投入与技术创新情况

细分领域	具有研发能力的单位数量/家	研发经费投入/亿元	已获专利证书数量/个	形成新产品的销售产值/亿元	形成新产品的出口创汇/亿美元
水污染控制	793	42.0823	4365	86.2345	0.4065
大气污染控制	563	47.1512	5788	973.9258	1.1183
固体废弃物处理处置	182	10.7297	1179	32.8164	0.1197

续表

细分领域	具有研发能力的单位数量/家	研发经费投入/亿元	已获专利证书数量/个	形成新产品的销售产值/亿元	形成新产品的出口创汇/亿美元
噪声及振动控制	58	2.638	323	6.3686	0.1166
辐射污染防护	6	0.3321	53	0.7844	0
土壤污染治理与修复	19	1.8136	37	2.5617	0
生态修复及生态保护	47	1.4193	94	3.0949	0.0856
环境监测	147	7.0289	849	14.5476	0.0518
环境服务	164	13.3804	1131	29.6649	0.3224

注：数据来源于 2011 年全国环境保护及相关产业基本情况调查

2. 创新技术转化模式

通过产学研合作平台建设，创新发展模式，推动节能环保科技成果转化，如 2010 年形成的"哈宜模式"，是中国宜兴环保科技工业园与哈尔滨工业大学产学研合作的重大成果，它立足哈尔滨工业大学雄厚的环保科研实力，以一品、一所、一公司的专门合作业态，推动研发产业化的运作，已成为节能环保产业探索产学研合作的示范案例。"哈宜模式"的具体运作如下：在哈尔滨工业大学宜兴环保研究院正式启动之时，就成立有限公司实体进行公司化运作，其中技术团队占股51%、园区占股49%，以哈宜研究院为母体，以"哈宜"品牌和专有技术输出管理为脉络，通过"一个科研产品，一个研究团队，一家产业化企业"的方式，催生了一批具有成为"单项冠军"潜质的成长型企业。截至 2012 年，已孕育出 13 个单项技术公司，承担了 10 项国家重大科研项目和 29 项工程，打造了一批环保细分领域龙头、技术冠军和行业标杆。

3. 提升技术水平

创新能力的提高和技术成果转化的加快，使得技术水平大幅提升，主导技术和产品基本可以满足市场的需要，在重点节能环保技术领域取得一定的突破，多个领域的基础研究和应用已经接近或达到国际先进水平。节能产业方面，节能先进适用技术装备得到大幅推广，工业节能和建筑节能技术创新及示范取得积极进展，钢铁行业干熄焦技术普及率提高到 80%以上，水泥行业低温余热回收发电技术普及率达到 80%以上。高效节能家电、节能建材等节能产品的推广效果明显，市场占有率大幅提高。常规污水处理技术、电除尘、袋式除尘技术等达到国际先进水平，膜分离技术与产品取得一定突破，并在规模较小的污水处理厂得到广泛应用，脱硫设备基本实现国产化，脱硝技术和催化剂等取得积极进展；重金属污染土壤植物阻断、植物富集、化学钝化、富集与耕作套用等技术，实现了工程化应用。同时，对常温解吸、热脱附、原位注入修复技术等多项土壤修复技术有了不同程度的掌握。资源利用方面，产业固体废弃物综合利用先进适用技术得到推广应用，高压立磨等部分大型成套设备制造实现国产化，并达到国际先进水平。

2.1.4　拓展融资渠道，推动龙头企业的培育

1. 拓展融资渠道

节能环保产业的高速发展离不开资本的助力，不能仅靠政府投入，还要从资本市场融资，充分利用社会资本投入。"十二五"以来，中国政府重视投融资机制创新，除政府投资外，创造条件充分吸引社会资本投入，节能环保产业形成政府和社会资本合作（public-private partnership，PPP）模式、绿色金融、产业基金等多种投融资渠道，多元化投融资格局基本形成。目前，PPP 模式在财政部、国家发改委等部门的大力推动下，已进入扩大应用阶段。据统计，2015 年全国已经披露的环保 PPP 计划投资项目已经达到 239 个，总投资金额突破 1270 亿元。截至 2014 年末，银行绿色信贷余额达 7.59 万亿元，同比增长 15.67%；股票融资迅速发展，统计显示，国内有 60~70 家环保产业上市企业，已经成为各主要治理领域的中坚力量，这些企业未来通过市场的扩张，特别是并购等资本运作将会不断做大做强；在企业债方面，也已经开展了尝试，国家提出支持符合条件的节能环保企业发行企业债、中小企业集合债券、短期融资券、中期票据等债务融资

工具等；在投资基金方面，在政府引导下，中宸基金、宜兴中科等节能环保产业基金陆续成立，为企业提供投融资新平台，其中规模最大的基金已经达到 250 亿元。同时，协助地方政府搭建金融创新平台，重点在垃圾处理等方面进行系统投入。多元化的投融资渠道为节能环保产业的快速发展注入了新鲜血液，促进了产业的快速发展。

2. 推动龙头企业的培育

通过整合和并购达到资本整合，从 2012 年开始，环保行业的整合并购趋势明显，资金规模已由 2012 年的 12 亿元急增到 2015 年的 600 亿元，集中在较成熟的水务和固体废弃物行业，整合和并购不仅能整合资本，更能提高企业规模和利润率，整合与并购中，"央企+民企"携手模式不断涌现，如大型央企葛洲坝集团与从事环保循环、再生资源综合利用的民企大连环嘉集团在再生资源领域的合作，将形成强强联合和优势互补，推动产业的巨大发展和龙头企业的出现。非节能环保企业的跨界收购也大量涌现，达总资金规模的 25%，比如中国石油化工集团公司、中国中铁四局集团有限公司、徐州工程机械集团有限公司、北京国电富通科技发展有限责任公司、山东华鼎伟业能源科技股份有限公司等，通过资本、技术、工程和设备等途径纷纷进军节能环保行业。随着节能环保产业的持续升温，行业并购规模会进一步扩大；资本的扩张和领域的占领，使得行业集中度提高，整合全产业链的综合性龙头企业将成为行业领导者。

3. 企业专业化程度和利润水平不断提高

在 2015 年 55 家上市环保企业中有专业环保企业 34 家（本书将环保产业营业收入占企业全部营业收入比重达到 75%及以上的企业视为专业环保企业），从表 2-7 可以看出，占企业总数的 61.8%；有 7 家企业环保产业营业收入占比处于[50%，75%），占企业总数的 12.7%；有 25.5%的上市环保企业在 2015 年的环保产业营业收入占比不足 50%。从行业分布来看，资源循环利用、大气污染治理、综合环境服务这三大行业的专业化程度较高。从 2015 年 55 家上市环保企业的营业收入情况来看，专业化环保产业从业企业数量已超过 1/2，环保产业从业企业的专业化程度正在不断提高。

表 2-7 2015 年上市环保企业的专业化程度分布

专业化程度	水污染治理企业数量/家	大气污染治理企业数量/家	综合环境服务企业数量/家	资源循环利用企业数量/家	环境监测企业数量/家	生态修复企业数量/家	合计企业数量/家
[0,25%)	1	0	0	0	1	0	2
[25%,50%)	4	1	3	1	2	1	12
[50%,75%)	5	0	0	0	1	1	7
[75%,100%]	8	9	7	8	2	0	34

2015 年 55 家上市环保企业的营业成本、毛利润与毛利润率的分布情况见图 2-4。2015 年环保产业总的毛利润率为 31.3%，从图 2-4 可以看出，大气污染治理作为营业收入最大的行业，行业营业总收入达到了 219.5 亿元，但其毛利润只有 49.3 亿元，毛利润率仅为 22.5%，与其他 5 个行业相比毛利润率最低；环境监测行业虽然营业总收入相对较小，但是其毛利润率最高，高达 44.8%；水污染治理行业是毛利润率次高的行业，达 43.0%，其毛利润总额达 72.5 亿元，是毛利润总额最高的行业。总体上看，2015 年六类上市环保企业毛利润率存在较大差距，营业收入最高的大气污染治理行业毛利润最低，营业收入较小的环境监测行业毛利润率大约是大气污染治理行业的 2 倍，较高的营业收入可能源自当前大气污染防治市场需求火爆带来的市场效应，而大气污染治理企业的产品偏重设备造成了毛利润率相对较低。表 2-8 反映了 2015 年环保行业（本书特指 55 家企业）与制造业、建筑业、批发零售业、住宿餐饮业、金融业几大传统行业（按中国证券监督管理委员会行业分类）在营业成本和毛利润方面的数值比较。环保产业与其规模最接近的住宿餐饮业相比较，营业成本平均值偏高（9.77>2.65），毛利润平均值偏低（4.45<10.94）。环保产业的毛利润率居于中间水平，虽然低于住宿餐饮业和金融业，但与传统建筑业、制造业和批发零售业相比并无明显劣势。中国环保产业上市公司的毛利润总额不高，与中国环保产业整体规模不大的特征相吻合；但环保产业的毛利润并不偏低，说明该产业发展前景和盈利潜能值得期待。对环保产业仍需进一步加大政策扶持和引导，加速壮大盈利能力良好的环保企业。

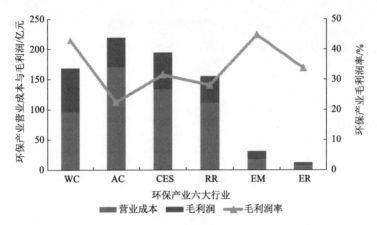

图 2-4　2015 年上市环保企业的环保营业成本、毛利润与毛利润率

WC. 水污染治理；AC. 大气污染治理；CES. 综合环境服务；RR. 资源循环利用；EM. 环境监测；
ER. 生态修复

表 2-8　各大行业营业成本与毛利润 （单位：亿元）

项目	制造业	建筑业	批发零售业	住宿餐饮业	金融业	环保产业
营业成本平均值	39.56	345.47	127.22	2.65	521.64	9.77
毛利润平均值	9.45	49.86	16.11	10.94	298.58	4.45

2.1.5　增速发展节能环保服务业，创新发展模式

1. 节能环保服务业规模迅速扩张

节能环保服务业包括节能服务业和环保服务业，涵盖技术服务、咨询服务、设施运营和维护、贸易与金融服务等内容，是生产性服务业的重要组成部分，也是节能环保产业中最活跃的行业，发展速度也高于节能环保产业的其他领域。由图 2-5 可以看出，节能服务业总产值由 2008 年的 417.3 亿元增至 2015 年的 3127.34 亿元。环保服务业总产值 2010 年约 1500 亿元，2015 年超过 5000 亿元。截至 2015 年，全国从事节能服务产业的企业总数达到 5426 家，比"十一五"末期增长了近 6 倍，行业从业人数达到 60.7 万人，比"十一五"末期的 17.5 万人增长了近 2.5 倍。由图 2-6 可以看出，截至2015年,合同能源管理项目投资额从2010年的287.51亿元增长到2015

年的 1039.56 亿元。合同能源管理项目形成年节约标准煤能力从 2010 年的 1648.39 万吨标准煤增长到 2015 年的 3241.33 万吨标准煤，减排二氧化碳从 2010 年的 2662.13 万吨递增到 2015 年的 8109.42 万吨。"十二五"期间累计合同能源管理投资 3710.72 亿元，形成年节能能力 1.24 亿吨标准煤，减排二氧化碳 3.1 亿吨。

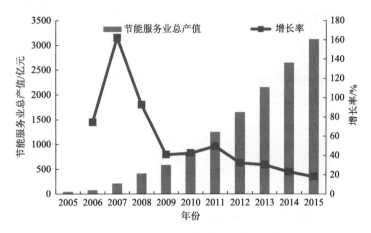

图 2-5　2005～2015 年节能服务业总产值趋势变化

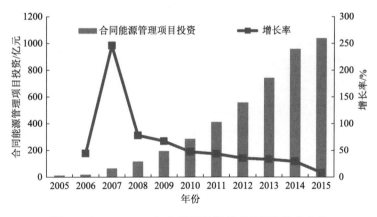

图 2-6　2005～2015 年合同能源管理项目投资趋势变化

2. 创新发展模式

服务形式基本上是以合同能源管理和合同环境服务为主，多种形式并存。具体的商务模式又根据各地的不同条件和要求分为很多种，有委托，有承包，还有建设-经营-转让（BOT）、建设-拥有-经营（BOO）、转让-经营-转让（TOT）、技术-人才-宽容度（technology-talent-tolerance，3T）等商务模式。服务的内容包括单项环境服务、综合环境服务、污染物达标排放服务、环境质量达标服务等。有面向一个企业的、一个工业园区的、一个环境功能区的、一个行政区域城乡一体化的全方位环境服务。在国家谁污染谁付费、推行环境污染第三方治理、公共服务领域推进 PPP 模式等政策的导向下，节能环保服务模式不断创新，以行政区域、河流流域或水域、工业园区、生活小区、环境功能区、工业企业、某一环境要素为单元或者服务对象的系统化全方位环境服务业正在蓬勃兴起。

2.1.6 重视应对气候变化，推动碳减排产业发展

1. 重视应对气候变化

全球气候变化是国际社会普遍关心的重大全球性问题，国际社会已就控制全球气温升高不超过工业化前 2℃达成政治共识，甚至在推动 1.5℃的目标。中国高度重视气候变化问题，成立了国家气候变化对策协调机构，并根据国家可持续发展战略的要求，采取了一系列应对气候变化的政策措施。例如，2007 年制定了《中国应对气候变化国家方案》，2014 年制定了第一部应对气候变化中长期规划《国家应对气候变化规划（2014-2020 年）》。作为负责任的发展中大国，中国在 2009 年底哥本哈根全球气候变化大会上，提出到 2020 年单位 GDP 碳排放强度比 2005 年的水平低 40%～50%；2015 年 6 月 30 日，正式公布中国国家自主贡献预案《强化应对气候变化行动——中国国家自主贡献》，核心内容是中国在 2020～2030 年应对气候变化的行动目标，包括了 2014 年 11 月《中美气候变化联合声明》中宣布的二氧化碳排放于 2030 年左右达到峰值和在 2030 年非化石能源目标达到 20%左右的既有承诺，在此基础上，明确提出 2030 年碳排放强度比 2005 年下降 60%～65%，森林蓄积量比 2005 年增加 45 亿立方米左右等，同时明确了中国 2015 年气候变化谈判的立场。碳减排和回收利用方面，2013 年，中国二氧化碳回收利用产能近 1000 万吨，参与回收的企业近 300 家。回收提纯的产品主要用于金属加工、注井采油、食品添加剂、化工产品加工等。

2. 推动碳减排产业发展

在全球应对气候变化，进行温室气体减排的大背景下，碳减排产业应运而生。碳减排产业主要包括以减少碳排放和提高碳效率为目的，进行技术、设备、产品的研发、制造，以及咨询、交易等一系列产业活动的集合。目前，国家层面积极推动碳减排技术，已于 2014 年和 2015 年陆续发布了两批国家低碳技术目录，并在 2017 年 3 月发布了第三批。碳减排技术主要包括非化石能源类技术，燃料及原材料替代类技术，工艺过程等非二氧化碳减排类技术，碳捕集、利用与封存类技术和碳汇类技术五大类。二氧化碳的捕集、驱油及封存技术主要应用于燃煤电厂、油田等领域，胜利油田已建成国内首个工业化规模燃煤电厂烟气二氧化碳捕集、驱油与地下封存全流程示范工程。二氧化碳捕集生产小苏打技术还处于产业化初期发展阶段，目前推广比例较低。碳市场方面，伴随着 2013 年北京、上海等七地的碳排放权交易试点实施，碳市场起步。至 2015 年 12 月 31 日，七个试点累计成交配额超过 6758 万吨，累计成交额超过 23.25 亿元，试点碳市场成交量成交额大幅攀升。目前，全国统一碳市场的建设正在稳步推进。

2.2　中国节能环保产业发展存在的问题

2.2.1　产业信息化之路并不平坦

目前，将"互联网+"思维引入环保大致有两大方向，一是环保产业的互联网化，二是政府环境监管信息化。互联网与环保产业的结合的载体是环境数据。目前，中国环境数据大多是非公开的，或者由官方统一发布少数代表性指标，环境数据尚停留在表征污染水平的程度。数据的缺失导致企业难以通过数据挖掘和分析手段对当地的污染现状、治理目标等进行定制化综合解决方案设计，企业难以对其商业模式和盈利模式实现创新。从政府部门环境监管的角度来看，互联网是一把"双刃剑"，虽然提高了环境监管的效率，但由于公众的实时参与和环境信息的披露，也给政府的环境监管带来了更多外部监督，对政府部门环境执法实效提出了更高的要求。

2.2.2 融资手段尚不解决产业资金缺口

根据 2015 年《中国环境统计年报》，中国污染治理投资涉及 8800 多亿元，约占 GDP 的 1.3%，约占全年全社会固定资产总投资的 1.6%，包括城市基础设施建设、新建项目的环保设施投资等，虽然近年来财政用于环保的支出逐年增加，但环保投入占投资总额的比重仍较低。参照发达国家的情况，中国环保投入占 GDP 的比重应达到 2%～3%，当环保投入占 GDP 的比重大于或等于 3%，遗留的环境问题才能够逐步有效解决，环境质量才能得以提升。由国务院发展研究中心等开展的"绿化中国金融体系"研究显示，2015～2020 年，中国绿色发展的相应投资需求约为每年 2.9 万亿元，其中政府的出资比例只占 10%～15%，超过 80% 的资金需要社会资本来解决，绿色发展融资需求缺口巨大，需要依靠多样化的金融手段与融资机制来填补，通过一系列的政策、制度安排，以及通过贷款、私募、投资、股票发行、债券、保险等方式改进金融服务。

由于激励政策力度有限、企业环境信息披露不足、绿色项目认证体系滞后等，金融业介入节能环保领域的积极性较低，加之中国对绿色项目的认证尚未出台统一标准，国内与国际认证标准不一致，第三方认证体系建设滞后，金融从业人员专业知识缺乏等问题也制约了中国绿色金融活动的开展。

2.2.3 无序竞争问题仍然突出

在节能环保企业的技术创新与研发投入方面，在政策环境尚不完备、缺乏知识产权保护体系与公平的竞争体系的大环境下，虽然具备一定资金实力的节能环保上市企业的研发投入占比有所增加，但整体来看，中小型企业大规模投入技术创新的意愿不强，导致企业长期发展动力不足，没有资本与空间提升企业核心竞争力、发展壮大企业规模，无序的市场竞争形成恶性循环。

节能环保企业低质低价的恶性竞争现象突出，产业市场秩序有待规范。

一些企业治理技术参差不齐,产品质量良莠不齐,设备无法满足监管要求,低价竞争导致企业利润率大幅下降,进而在治理环节偷工减料,不少环境治理企业甚至沦为集中排污地。进口废物加工利用企业普遍规模较小,不具备环评审批、环保验收、排污许可等相关手续,存在批建不符等行为;一些企业没有正常运行污染防治设施和规范设置排污口,落实固体废弃物、危险废物等方面的环境管理要求不到位,存在多项严重环境违法问题。在环境保护部 2017 年 7 月开展的打击进口废物加工利用行业环境违法行为专项行动中发现,被检查的 1613 家进口废物加工利用企业中有 61%的企业涉嫌环境违法,广东省问题较为突出。

2.2.4　政策频发但落地困难

近年来节能环保产业的利好政策频频出台,很大程度上刺激了产业的发展。但是很多政策目前尚欠缺有效的梳理、整合,缺乏相关的政策可行性评估与政策落地实施效果监督评估机制与保障措施等,导致一些政策推行不力、落地困难。例如,早在 2015 年,国家层面就对推行环境污染第三方治理进行总体布局,各省份也紧跟动向出台地方相关政策,但是截至 2017 年,第三方治理模式仍然发展缓慢,可能是政府调控与当地产业发展均存在某种程度上的问题。伴随着中央环保督察的实行与中国环境执法的力度加大,工业企业治污的动力加强,并且 2017 年出台的《关于推进环境污染第三方治理的实施意见》,明确了各方责任,解决了之前政策中不明确和有争议的地方,有助于推动第三方治理模式加速发展。

第 3 章 中国节能环保产业发展最新进展

3.1 新战略、新政策

3.1.1 环境友好型政策密集出台

2016 年末至 2017 年 8 月，国家出台了一系列政策（表 3-1），为节能环保产业的发展提供了良好的宏观政策环境。在《"十三五"节能环保产业发展规划》等顶层设计及各领域配套政策法规，如《"十三五"节能减排综合工作方案》《中华人民共和国环境保护税法》《循环发展引领行动》等文件密集出台的推动下，节能环保产业发展态势良好，盈利能力突出，中国作为全球节能环保新兴市场发展速度较快。节能环保产业朝着成为中国国民经济支柱产业的方向又迈进一步。

表 3-1 2016～2018 年节能环保产业相关政策

领域	政策名称	发布单位
综合领域	绿色发展指标体系	国家发改委、国家统计局、环境保护部等
	生态文明建设考核目标体系	国家发改委、国家统计局、环境保护部等
	"十三五"节能环保产业发展规划	国家发改委、科学技术部、工业和信息化部等
	"十三五"国家信息化规划	国务院
	关于推进绿色"一带一路"建设的指导意见	环境保护部、外交部、国家发改委等

续表

领域	政策名称	发布单位
节能产业领域	"十三五"节能减排综合工作方案	国务院
	"十三五"全民节能行动计划	国家发改委、科学技术部、工业和信息化部等
	节能标准体系建设方案	国家发改委、国家标准化管理委员会
	建筑节能与绿色建筑发展"十三五"规划	住房和城乡建设部
	国家重点节能低碳技术推广目录（2017年本低碳部分）	国家发改委
	工业节能与绿色标准化行动计划（2017-2019年）	工业和信息化部
环保产业领域	生态环境大数据建设总体方案	环境保护部
	关于省以下环保机构监测监察执法垂直管理制度改革试点工作的指导意见	中共中央办公厅、国务院办公厅
	国务院关于开展第二次全国污染源普查的通知	国务院
	国家环境保护"十三五"科技发展规划纲要	环境保护部、科学技术部
	关于全面推行河长制的意见	中共中央办公厅、国务院办公厅
	生活垃圾分类制度实施方案	国务院办公厅
	"一带一路"生态环境保护合作规划	环境保护部
	关于政府参与的污水、垃圾处理项目全面实施 PPP 模式的通知	财政部、住房城乡建设部、农业部等
	长江经济带生态环境保护规划	环境保护部、国家发改委、水利部
	固定污染源排污许可分类管理名录（2017年版）	环境保护部
	关于推进环境污染第三方治理的实施意见	环境保护部
	关于印发制革等5个行业清洁生产评价指标体系的公告	国家发改委、环境保护部、工业和信息化部
	建设项目环境影响评价分类管理名录	环境保护部
	国务院关于修改《建设项目环境保护管理条例》的决定	国务院

续表

领域	政策名称	发布单位
环保产业领域	中华人民共和国水污染防治法（修订版）	全国人大常委会
	中华人民共和国环境保护税法	全国人大常委会
资源循环利用产业领域	关于垃圾填埋沼气发电列入《环境保护、节能节水项目企业所得税优惠目录（试行）》的通知	财政部、国家税务总局、国家发改委
	关于调整《进口废物管理目录》的公告	生态环境部、商务部、国家发改委等
	建筑垃圾资源化利用行业规范条件（暂行）	工业和信息化部、住房和城乡建设部
	循环发展引领行动	国家发改委、科学技术部、工业和信息化部等
	国务院办公厅关于加快推进畜禽养殖废弃物资源化利用的意见	国务院办公厅
	禁止洋垃圾入境推进固体废物进口管理制度改革实施方案	国务院办公厅
	关于联合开展电子废物、废轮胎、废塑料、废旧衣服、废家电拆解等再生利用行业清理整顿的通知	环境保护部、国家发改委、工业和信息化部等

3.1.2 "一带一路"倡议推动节能环保企业"走出去"

随着 2017 年 4 月环境保护部等委联合发布《关于推进绿色"一带一路"建设的指导意见》、2017 年 5 月第一届"一带一路"国际合作高峰论坛在北京举行，建设绿色"一带一路"的各项措施深入推进、逐步落实，与此同时，环境问题突出、自然生态系统较脆弱的"一带一路"沿线新兴经济体和发展中国家对节能环保、绿色低碳技术与设备有迫切需求，中国节能环保产业"走出去"迎来重大发展机遇。目前，中国环保企业"走出去"呈现出区域性、行业性特点。

在区域性特征方面，在西南地区，广西具有与东盟国家陆海相邻的独特优势，主要瞄准东南亚市场，重庆作为西南地区环保产业聚集的重镇，是环保产业走出去的重要代表；在东部沿海地区，长三角地区江苏宜兴、浙江绍兴等形成了环保产业园或企业集群；在南部沿海地区，广东搭建技术平台服务"一带一路"；在华北地区，北京聚集大量实力雄厚的央企和国企，成为领导产业走出去的主力军。

在行业性特征方面，目前中国多数环保企业进行装备和技术输出，给主体工程配套的单项设备、工程相对较多，总包式的高端工程、项目和服务较少。大型企业参与"一带一路"沿线国家的大型项目建设的步伐在加快，如中冶国际工程集团有限公司、北控水务集团、中国光大国际有限公司等，已经展现出在技术、工程、资本等方面的优势，开始引领国外项目的发展趋势。

3.1.3 环保督察规范政企履责，倒逼企业绿色转型

2015 年 7 月，中央明确建立环保督察机制，首次提出环境保护"党政同责，一岗双责"，"督政"与"督企"并重。截至 2017 年，中央环境保护督察组已覆盖 22 个省份。各地环保部门执行《中华人民共和国环境保护法》配套办法及移送环境犯罪案件情况显示，2017 年 1~5 月全国实施五类案件总数为 13 478 件，与 2016 年同期相比增长 201%。其中，按日连续处罚案件、查封扣押案件、限产停产案件、移送行政拘留、涉嫌犯罪移送公安机关案件等各类案件数量均有所上升，执法力度持续加大。

2017 年 4 月，有史以来国家层面直接组织的最大规模的大气污染防治强化督察行动启动，环境保护部从全国抽调 5600 名环境执法人员，对京津冀及周边传输通道"2+26"城市开展为期一年的大气污染防治强化督察。截至 2018 年 2 月，28 个督察组共检查 3 万余家企业（单位），其中 2 万多家存在环境问题，问题率超六成。

随着中国环保政策日益完善、环境监察与环境执法日趋严厉，企业将更加重视自身的排污治污问题，倒逼企业绿色转型，环保产业发展的市场空间也更加广阔，发展环境更加成熟，政府通过提高环保标准和严格执法，倒逼出环保产业的市场空间，成为促进产业发展的动力。

3.2 节能产业"十三五"发展态势

3.2.1 行业整体发展看好，中小型企业稳健扩张

2016 年，节能环保上市公司主营业务收入总额 6524.2 亿元，较 2015 年增长 18.6%；其中，主板、中小板和创业板上市公司收入总额 6008.6 亿元，同比增长 19.3%；新三板上市公司收入总额为 515.6 亿元，同比增长 11.0%。从各细分行业的平均营收情况来看，建筑节能领域的上市公司平均营业收入均呈现温和扩张态势，主板、中小板和创业板上市公司中，工业节能在 2016 年平均营业收入出现下滑，是唯一一下滑的领域，但在新三板上市公司中，工业节能以 15.3%的增长率位列第二。数据表明，工业节能领域的中小微企业发展看好，在激烈的市场竞争中取得显著进展。

3.2.2 节能服务产业快速增长，企业规模明显提升

中国节能服务产业已经越过示范推广阶段，进入了市场形成阶段。截至 2016 年底，从事节能服务业的企业约 5816 家，行业从业人员 65.2 万人，节能服务产业总值 3567.42 亿元，合同能源管理投资 1073.55 亿元，形成年节能能力 3578.50 万吨标准煤和年减排二氧化碳能力 9590.38 万吨。预计到 2020 年，中国节能服务产业总产值将达到 6000 亿元。另有统计显示，2016 年，节能服务公司平均注册资金为 3469 万元，相比于备案节能服务公司平均注册资金约 1600 万元，企业规模有明显提升。

3.2.3 节能技术装备部分关键技术具国际水平，新型技术大量涌现

中国节能关键共性技术提升和装备研发总体上发展参差不齐，部分关键技术已经成熟，达到国际领先水平。高性能建筑保温材料已形成全系列、

各类型保温技术规范，并且有大量工程案例，新型技术如钛纳硅超级绝热材料保温节能技术和墙体用超薄绝热保温板技术已研发出相应产品，但推广比例较小，均低于 10%。紧凑型用户空气源热泵技术有待进一步研发。国产功率型照明级发光二极管（light emitting diode，LED）芯片突破了 100 lm/W 的技术大关，推广比例达 30%。燃煤发电超低排放技术已经达到国际领先水平，一批新型煤化工技术获得示范成功。浅层地热能同井回灌技术和单井循环换热地能采集技术等的推广比例较小，低于 5%。截至 2016 年底，燃机电站在全国电网中总装机容量比例为 4.2%，2015 年中国燃气发电机装机容量为 6637 万千瓦，发电量为 1658.3766 亿千瓦时，相比 2014 年同比增长 16.5% 和 24.4%，虽然远落后于国外的应用程度，但处于快速上升阶段。

在节能技术与产品规模化示范方面，中国火电行业超低排放改造工作正在稳步推进，截至 2016 年 1 月，全国近 1 亿千瓦煤电机组进行了超低排放技术改造，正在进行技术改造的超过 8000 万千瓦，一些新型电机技术有待进一步推广应用。能量系统优化技术和装备已经广泛应用于钢铁、石油化工、造纸等行业，对于新型能量系统优化技术仍需进一步推广。电炉余热和加热炉余热联合发电技术、矿热炉烟气余热利用等余热余压利用技术推广比例已达 40% 以上，推广潜力预计为 80%～90%。

3.3　环保产业"十三五"发展态势

3.3.1　产业规模持续快速增长，环境修复领域呈上升态势

由于政策的持续推动，中国环保产业摆脱了全球经济下行的宏观影响，2015 年中国环保产业发展指数为 106.09，高于中国宏观经济景气指数（93.5）与总体经济增长指数（93.2）。其中，环境服务业比例增长较明显，高于整个环保产业的增长，发展势头较好。中国是全球发展中国家中环保技术发展最快、市场增长最快的新兴市场，2016 年中国环保产业产值约 11 500

亿元，较 2015 年增长约 20%，其中环境服务业营收约 6100 亿元，占比达到 53%。2016 年市场（包括商品和服务）价值为 607 亿美元（图 3-1）。"十二五"以来，中国环保装备制造业规模迅速扩大，服务领域拓宽，主要装备基本实现国产化，部分装备达到国际领先水平，2016 年实现产值 6200 亿元，比 2011 年翻一番。

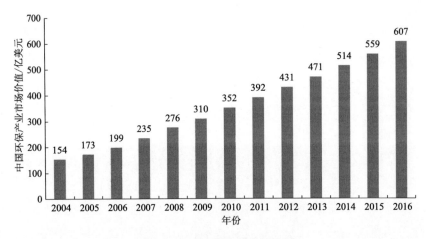

图 3-1　中国环保产业市场情况

目前，中国环保产业存量的传统污染治理市场，如火电行业烟气脱硫脱硝治理、城市集中污水处理等趋于饱和，城市生活垃圾处理设施建造维持较快增长，设备制造市场已逐渐向运营服务转移，城市生活垃圾与污泥处理行业市场需求缺口较大，将进入快速增长阶段。目前中国土壤修复处于起步阶段，2014～2016 年，中央财政对土壤治理专项拨款金额成倍增加，三年分别为 19.9 亿元、37 亿元和 90.89 亿元。2014 年中国土壤修复行业约有 200 亿元市场规模，由国家支持的修复资金所占比例为 75.3%，其余资金来自污染企业和地产企业。《土壤污染防治行动计划》（简称"土十条"）在一定程度上刺激了环境修复领域的发展，环境修复领域业务收入占 A 股沪深两市环保上市企业的比重呈小幅上升，2016 年前三季度和 2015 年相比，占比由 1.4%升至 1.87%。"十三五"期间，随着"土十条"各项措施逐步落实，环境修复领域将步入快车道，继续保持上升态势（图 3-2）。

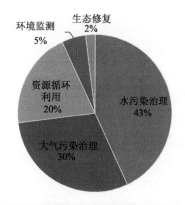

图 3-2　细分领域 A 股环保上市企业环保主营业务收入分布

（按企业环保主营业务收入占比）

以 2016 年前三季度 A 股环保上市企业环保主营业务收入累计值计算

3.3.2　环境服务业发展稳中有升，固废治理等行业盈利能力表现优异

环境服务业从业企业及人员数量、年收入呈现小幅增长，2016 年调查范围内从业法人单位 6236 家，同比增长 9.9%，期末从业人数 38.9 万人，同比增加 19.3%；2016 年收入约 2662.9 亿元，同比增长 13.8%，同比增幅放缓，较上年降低近 12 个百分点（图 3-3）。环境服务业仍以小微型规模经济单位为主体，行业分散的状况未见明显改善，2016 年，小微型企业占比较上年小幅上升 1 个百分点，达到 75%（图 3-4）。环境服务业行业空间分布较为集中，2016 年的分布格局与 2015 年基本一致，广东省、浙江省、江苏省、上海市和北京市成为全国环境服务业年收入的主要贡献者，年收入占全国总额的 54% 以上。

在环境服务业细分领域，环境监测、水污染治理的规模继续领跑环境服务行业，但从盈利情况看，仅资源循环利用领域的 2016 年营业利润率较 2015 年有所提高，其中，固体废弃物治理领域以 10.4% 的营业利润率成为盈利能力最突出的细分行业，危险废物治理领域营业利润率同比增幅最为显著，约 94.2%；环境监测、大气污染治理和水污染治理三领域的 2016 年营业利润率同比分别下滑 18.9%、11.3% 和 9.0%。未来，随着国家对污染物排放标准的提升、天地一体化监测网建设的开始、第三方治理与运营的逐渐普及，环境监测领域有望转型升级环境调查，成为新型环境服务行业。

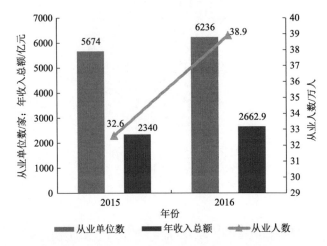

图 3-3　2015～2016 年环境服务业发展简况

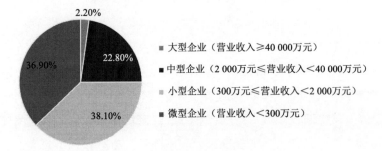

图 3-4　2016 年环境服务业各类规模企业占比

3.3.3　科技成果丰硕，重大水环境技术产业化水平得到提升

"十二五"期间，在国家科技支撑计划中，中国掌握了低耗高效循环流化床（circulating fluidized bed，CFB）锅炉选择性非催化还原法（selective non-catalytic reduction，SNCR）脱硝技术并在多个企业推广应用，经济效益良好；在国家高技术研究发展计划中，燃煤电厂电除尘提标技术实现突破，国内首套钢铁烧结烟气多污染物协同控制示范工程顺利完成。

截至 2015 年,国家水体污染控制与治理科技重大专项(简称"水专项")中的水污染治理关键技术及装备产业化已累计突破 1000 余项关键技术,建设 700 余项示范工程,申请国内外专利 2300 余项(授权 1221 项)。"水专项"从产业化推广机制及模式、工业废水处理、城市污水处理和农村水环境治理适用性技术及成套装备四个方面,探索适应国情的"水专项"成果产业化模式,试图使科技成果真正转变为实际的治污能力与新的经济增长点。

3.4　资源循环利用产业"十三五"发展态势

3.4.1　产业整体增速稳定,废旧手机回收成为新增长点

资源循环利用产业以每年约 15% 的速度增长,2015 年末产值达 2 万亿元,解决就业近 3000 万人。"一带一路"倡议,以及京津冀协同发展、"互联网+"等重大战略,为资源循环利用的发展带来了难得的机遇,到 2020 年,中国资源循环利用产业产值将达到 3 万亿元。

截至 2016 年,中国共有 109 家企业进入废弃电器电子产品回收处理基金补贴名单,回收处理"四机一脑"等共约 7500 万台,较 2015 年基本持平,中国废弃电器电子产品处理量和处理规模进入平稳发展期。2016 年,新增目录产品中手机回收成为行业热宠,华为等手机生产企业纷纷履行生产者延伸责任,加入废旧手机的回收市场。

3.4.2　资源循环利用技术进展显著,与国际先进水平差距不断缩小

资源综合利用领域国家科技投入较大,废旧金属、废塑料、废橡胶、矿产资源、产业废物等的综合利用技术均取得重大突破,与国际先进水平的差距不断缩小。

在低值废弃物回收利用方面,2008～2015 年,中国废塑料回收量年均增长率为 8% 左右,2015 年约 1800 万吨;废玻璃回收量基本保持平稳趋势,

2015 年约 850 万吨。低值废弃物回收利用规模上升不明显，与使用量形成巨大差距。低值废弃物的回收价格较低、利润较少，并且国家尚未出台相应的激励政策，导致垃圾分类回收利用不足。

在大宗固体废弃物回收利用方面，部分重要尾矿采选及综合利用技术达到或接近世界先进水平并实现工业化应用。高铝粉煤灰提取氧化铝和铝硅合金技术已在局部地区实现产业化生产。煤矸石资源化利用技术不断提高，单机 600 兆瓦超临界循环流化床发电机组已投入运行，煤矸石发电—高铝粉煤灰深度脱硅—莫来石制备—白炭黑生产等特色资源化产业链已形成。钢铁行业冶炼废渣不断开拓新的应用领域以提高附加值；有色冶炼废渣综合利用率较低，赤泥资源化利用逐渐得到重视。中国利用工业副产石膏生产建材的技术水平已突破脱硫石膏和磷石膏制备水泥缓凝剂、纸面石膏板等核心技术，与国外先进水平差距不大，实现了工业化应用。

在再制造方面，中国机床保有量达到 800 万台左右，役龄 10 年以上的旧机床占 50%左右，机床再制造市场潜力巨大，但尚未规模化开展。汽车发动机、变速箱、电机等再制造技术已经初步满足产业化需求，初步形成了拆解破碎机械化及多级分选技术相结合的资源化工艺路线。

在新品种废弃物回收利用方面，关于光伏垃圾回收尚未建立有针对性的回收利用体系。2016 年电动汽车蓄电池回收利用相关技术政策出台，但国内开展相关研究和应用时间较短，处在示范工程阶段，尚未进行成熟的商业化运作。一些生产动力电池的企业与从事储能业务的企业看好其利用前景，已开始对动力电池的梯度利用业务进行战略布局。稀贵金属在废弃电器电子产品中相对含量低、难分离、回收成本高且技术门槛高，大部分企业无法实现高值化和精深化利用。

第4章　中国节能环保产业发展
重大需求和趋势

4.1　节能环保产业发展重大需求

4.1.1　"十三五"中国经济社会发展的重大战略部署对节能环保产业的需求

党的十八大以来，党中央、国务院把生态文明建设和生态环境保护摆在更加重要的战略位置。习近平总书记多次强调，绿水青山就是金山银山，像保护眼睛一样保护生态环境，像对待生命一样对待生态环境。李克强总理指出，加大环境治理力度，下决心走出一条经济发展和环境改善双赢之路。2015 年 9 月正式发布《生态文明体制改革总体方案》，这是生态文明领域改革的顶层设计。生态文明建设将是"十三五"规划的一个重点方向。强调社会经济发展必须建立在资源高效循环利用、生态环境严格保护的基础上，发展必须是绿色发展、循环发展、低碳发展。国家对生态文明建设的新要求、对生态环境保护的重视，为节能环保产业的发展提供了良好的契机。《中华人民共和国国民经济和社会发展第十三个五年规划纲要》中，明确提出到 2020 年，单位 GDP 能源消耗比 2015 年降低 15%，地级及以上城市空气质量优良天数比例大于 80%，主要污染物化学需氧量和氨氮较 2015 年下降 10%，SO_2 和 NO_x 较 2015 年下降 15%。中国实施污染物总量控制已多年，随着节能减排各项工程的不断推动，后期减排压力将迅速提升。2016 年 11 月，《"十三五"生态环境保护规划》明确要突出绿色发展，强化生态空间管控，形成绿色发展布局；突出推进供给侧结构性改革，强化环境硬约束；突出绿色科技创新引领，推进绿色化与创新驱动的深度融合；突出落实国家重大战略，强化京津冀区域环境协同保护、长江经济带共抓大保护，深入推进"一带一路"绿色化建设，这为节能环保产业的整体发展和布局提供了主要思路。

4.1.2 创新型强国对节能环保产业的需求

当前，中国面临着经济社会发展与环境保护的双重压力。发达国家上百年发展过程中经历的环境问题在中国呈集中式、暴发式出现。资源约束趋紧，环境污染严重，生态系统退化的形势严峻，在进入环境集中治理的攻坚阶段，国家对环境科技的需求已经到了前所未有的迫切程度。中国环保产业已基本形成领域覆盖全面、产业链较为完整的产业体系，但前沿技术研发与转化不足，先进环保技术装备的市场占有率偏低。2016 年 5 月，《国家创新驱动发展战略纲要》提出了要"发展资源高效利用和生态环保技术，建设资源节约型和环境友好型社会。"同时，明确了主要任务："发展污染治理和资源循环利用的技术与产业。建立大气重污染天气预警分析技术体系，发展高精度监控预测技术。建立现代水资源综合利用体系，开展地球深部矿产资源勘探开发与综合利用，发展绿色再制造和资源循环利用产业，建立城镇生活垃圾资源化利用、再生资源回收利用、工业固体废物综合利用等技术体系。完善环境技术管理体系，加强水、大气和土壤污染防治及危险废物处理处置、环境检测与环境应急技术研发应用，提高环境承载能力。"

《"十三五"国家科技创新规划》提出，要"加强关键核心共性技术研发和转化应用；充分发挥科技创新在培育发展战略性新兴产业、促进经济提质增效升级……中的重要作用"，并在国家科技重大专项中继续"水体污染控制与治理"，明确要在"水循环系统修复"等重点领域"研发一批核心关键技术，集成一批整装成套的技术和设备……"；并设立了"京津冀环境综合治理"重大工程。同时，在"发展智能绿色服务制造技术"中，明确要"发展绿色制造技术与产品，重点研究再设计、再制造与再资源化等关键技术"。规划中关于节能环保产业的表述，反映了国家对节能环保产业的重视及节能环保产业对于国家科技创新的支撑。

4.1.3　培育经济发展新动能对节能环保产业的需求

中国长期以来资源高度密集的经济增长方式，需要依赖不断增长的资源供给方式来维持，消耗了大量的非可再生资源，加剧了环境污染和生态破坏。"十三五"期间中国经济从高速增长转为中高速增长，进入"新常态"，经济发展更多强调"好"和"稳"，产业结构进入转型升级的关键时期，经济增长方式由粗放向可持续转变。在结构调整中需要淘汰落后、过剩产能和高污染、高耗能产品，培育接续产业，形成新的经济增长点。目前，节能环保产业在中国经济中的比重越来越高。现阶段及未来，中国节能环保产业潜力巨大，市场对节能、环保产品和资源循环利用的需求比较大，如目前中国高效电机市场占有率还不足 10%。据测算，到 2020 年，中国节能产业产值将超过 8 万亿元，废水治理投入预计达到 1.39 万亿元，大气污染治理将达到 1.7 万亿元。环境产业的发展可以带动上下游相关产业发展，起到稳增长的作用。因此，在资源环境约束下，环境产业成为中国经济新常态下的增长点和推动供给侧改革的重要动能，对中国经济增长和产业结构调整、转型的作用日益重要。

4.1.4　全面建成小康社会对节能环保产业的需求

良好的生态环境，是提升人民生活质量的重要内容，是全面建成小康社会的应有之义。当前，中国经济总量和增量仍在持续上升，污染物新增量依然处于高位，带来的环境压力仍然十分巨大，生态环境已成为全面建成小康社会的突出短板。特别是近年来中国多地雾霾天气频发，再次成为大众热议的焦点。为遏制愈加严重的雾霾天气，2015 年底环境保护部等三部委发布《全面实施燃煤电厂超低排放和节能改造工作方案》，提出到 2020 年全国所有具备改造条件的燃煤电厂力争实现超低排放。此外，鉴于挥发性有机物（volatile organic compounds，VOCs）在雾霾天气中的重要影响，以及北京、深圳等城市在治理 VOCs 方面的先行先试，环境保护部有望对 VOCs 排放实施总量控制并纳入约束性指标体系。我国是仍处在工业化进程中的发展中国家，亟须在经济发展与生态环境保护之间找到平衡，把经济建设与生态文明建设有机融合起来，让良好生态环境成为全面建成小康社会普惠的公共产品和民生福祉。

4.2 节能环保产业发展趋势

4.2.1 产业结构趋向软化，产业集中度和渗透力大幅提升

产业结构软化，向综合服务业发展，提升行业集中度。在《中国制造 2025》和《重大环保技术装备与产品产业化工程实施方案》等国家战略和政策的支持下，随着节能减排工作的日益深入和标准日趋严格，节能环保产业的规模将进一步扩张，产业结构由传统的装备制造，向提供产品和节能环境服务升级，向高端装备制造和服务业并重升级转移。例如，节能产业中，以投入新技术、新工艺、新材料、新设备和新器件来获得节能效益的技术节能遇到了发展的天花板，而采取加强计量检测、优化能源分配、强化管理维护、提高人员素质、能源绩效考核等措施的管理节能愈加受到用能单位的重视。为提高管理节能效率，上海、浙江宁波和广东东莞等城市建立了市级能源管理中心平台和重点企业能源管理中心，实现了对节能数据的深入分析，提高了节能效率。该模式催生了多家配套节能服务公司，提高了节能服务产值，推动了节能产业结构的软化。在新的需求下，产品向标准化、成套化、智能化方向发展。节能环保服务业将从提供环保装备与产品或工程建设、运营维护等单一环节的产品和服务逐步发展为一体化的综合节能环保服务业，提高行业集中度。

节能环保产业与多领域多行业交叉融合，产业渗透力增强。同时，随着《中国制造 2025》战略的实施，中国将利用先进节能环保技术与装备，组织实施传统制造业能效提升、清洁生产、节水治污、循环利用等专项技术改造，

建设新能源供给站、新能源汽车与智慧交通系统、低碳社区、碳捕集和富碳农业、绿色智能工厂等综合应用设施，开展重大节能环保、资源综合利用、再制造、低碳技术产业化示范，节能环保产业的渗透力将大幅提高。

4.2.2 "产业+"PPP 模式引领行业变革，倒逼企业向全产业链转型

倒逼企业向全产业链转型。截止到 2016 年 3 月，节能环保 PPP 项目数量达 978 个，项目投资需求高达 5264 亿元，已成为 PPP 项目中的重要构成部分。节能环保 PPP 项目中，垃圾焚烧发电厂、流域水环境治理和生态建设、河段生态综合整治、污水处理厂及配套管网等大型投资项目占到了全部投资额的 85%以上，是节能环保企业开拓业务的重点。以向地方政府提供金融、规划设计、建设、运营管理综合性解决方案为主要特征的"产业+"PPP 模式，覆盖项目的设备采购、设计施工、运营维护等所有产业链环节，对企业的资金筹措能力，以及节能环保产业上、中、下游的资源整合能力提出了更高要求，倒逼企业向全产业链型转变。

吸引大型资本企业，培育专业环境服务公司。PPP 模式的推广，吸引了一批大型企业、央企参与进来。2016 年最为突出的当属北控水务、启迪桑德、葛洲坝、碧水源、中电建联合中标通州一体化的水环境治理项目，项目金额达 233.5 亿元；随着 PPP 模式的推广，行业洗牌加剧，一些非上市企业可借助被上市公司收购的方式，增加拿单能力，如赛诺水务在 2016 年 7 月被天壕环境收购后，于年底以 1.06 亿元拿下日照钢铁水处理项目。而中国建筑这类传统的建筑公司也开始布局环保业务，旗下最为突出的中建水务 2016 年拿下深圳市坪山河干流综合整治及水质提升工程项目，项目金额高达 41 亿元。

4.2.3 绿色化和智能化相互融合，"互联网+"等技术助力节能环保技术变革

进入"十三五"时期，中国环境管理工作将由污染治理转变到环境质

量改善，政府和企业对于提升环境治理现代化技术手段的诉求不断提高。运用大数据、云计算等信息技术进行环境管理，已成为现代环境管理的必然趋势。

环境保护与多领域融合加速，环保技术与物联网技术的相互渗透态势尤为显著，环保物联网已经成为环境治理现代化的重要手段。通过"智慧应用层、大数据分析层、云计算支撑层、网络传输层、感知层"，环保物联网已经初步实现污染源实时监控、环境质量系统监测、环境风险应急管理、综合管理及服务等功能，如环境保护部已经完成"三层四级"的环保专务专网建设。北京、云南等地区环境数据中心已经投入使用。

在节能技术与物联网的融合方面，物联网环境下的智能节能系统可以将节能技改的工艺参数与传感器连接起来，实现节能系统网络中所有工艺节点均可被寻址、所有参数均具有通信能力、所有流程均可被操作、部分工艺具有传感与信息上传共享能力，可实现全生命周期能量消耗数据的采集和分析。例如，启明星宇节能科技股份有限公司在供热节能技术上，建立了数控供热大数据云计算行业节能服务平台，由"暖气医院、专利节能、数控供热、云端服务"四大系统构成，主要通过信息技术的应用与集成开展专业节能服务。

同时，一些具有创新型商业模式的资源回收与利用企业不断出现，开始用移动互联网技术提供社区再生资源回收服务，如上海的"绿色账户"、杭州的"收废品"、北京的"再生活"、天津的"回收哥"等。桑德环境率先将自身环卫业务与互联网、大数据紧密结合在一起，于2015年9月11日发布"环卫云平台"，该平台以传统环卫服务为依托，利用互联网及云计算等相关科技手段，构建以互联网环卫运营为核心的产业链，形成基层环卫运营、城市生活垃圾分类、再生资源回收、城乡最后一公里物流、依托环卫运营广告、环境大数据服务及其互联网增值服务融为一体的互联网环卫。

未来环境监测、智能节能系统和垃圾分类回收产业将成为环保互联网的最佳入口。节能环保产业与互联网的结合，将给节能环保产业发展带来新的模式和动力。产业的商业模式、运行机制、竞争格局都将发生根本性变化。

4.2.4　节能环保产业集聚特征明显,产业发展逐步由东部地区向中西部地区转移

中国各省份节能环保产业发展极不平衡。东部地区凭借其良好的经济实力、投资能力、外贸优势,抓住先机,推动节能环保产业迅速地发展起来且紧跟甚至引领世界节能环保领域的先进水平,在节能环保技术研发、节能环保项目设计和咨询、节能环保企业投融资服务等高端领域处于全国领先地位。中西部地区由于经济基础薄弱、资源和要素限制等,节能环保产业的发展滞后且速度较慢,基本停留在环保装备制造业领域的发展。《中国环保产业地图白皮书(2011年)》数据显示,东部环保产业产值占全国产值的 60%以上,主要集中在天津、北京、上海、江苏、浙江、山东、广东等省(直辖市),而西部的广西、四川、贵州、云南、甘肃、青海、新疆七省(自治区)环保产业总产值还不及江苏省的三分之一。

广州、深圳作为珠三角区域节能环保服务业两大核心区,正在建立多个节能环保专项研发中心,未来将重点发展技术密集、资金密集、人才密集的节能环保服务,以及环保产品和洁净产品生产;长三角区域的节能环保企业与园区将在技术、投融资、公共平台等多领域开展合作,加强区域之间的联合;中西部地区的武汉、重庆、西安等城市,将承接东部地区节能环保产业,尤其是节能环保制造业的转移,有望成为第一批实现节能环保产业成功对接的中西部城市。

4.2.5　跨界平台构建整合资源,产业联盟构建逐渐兴起

目前,中国节能环保产业涌现出类型多样且综合性较强的联盟与平台。对于政府主导的大型环境治理项目,成立产业联盟与行业平台有助于统筹管理,解决了以往各部门分开招标所导致的项目碎片化、治理不配套的问题。企业跨区域、跨产业组建能够覆盖环保业务主要领域的联盟组织,合作共同承接项目,可有效满足综合环境治理需求,实现社会效益与企业利

益的优化。产业联盟与建立平台将是中小型企业占多数的节能环保产业提升规模与实力的重要发展途径。

在联盟建设方面，节能产业、环保产业、资源循环利用产业及低碳领域均形成了以服务业、装备制造业、产业技术创新或以各细分领域为主题的各类联盟。在地域分布上，节能环保产业聚集区或一些产业发展基础较好的地区成立了以地理位置为主导的节能环保领域产业联盟，如北京、天津、河北、山西、内蒙古、山东联合成立的节能低碳环保产业联盟，湖南省节能服务产业联盟，盐城市节能环保产业联盟，成都市高新区节能环保产业联盟等。在投融资方面，形成了以市场资源整合、资金支持、产业与资本融通为主的综合服务平台，如中国节能环保金融联盟、中国环境投资联盟等。

在平台建设方面，环境保护部建立的环保技术国际智汇平台采用线上线下结合的模式，收集了大量先进、经济、成熟的环保技术，有效促进了环保行业国内与国际的技术交流和供需对接。相较环保技术国际智汇平台侧重于环保技术综合服务，北京易二零环境股份有限公司（E20）环境平台利用网站、研究院及每年创办的论坛和培训等业务产生的影响力，为环保企业提供战略、品牌、投融资等多种咨询服务。

4.2.6　一站式的绿色低碳综合解决方案成主流，绿色低碳发展兼顾环境保护、气候变化与能源利用问题

未来的绿色低碳理念将涵盖规划设计、技术装备、工程建设、投资运营等全方位的服务，即以规划咨询为引领，创新性地将涉及不同业务板块的工程建设、技术设备和投资运营整合在一起，为客户提供高价值的最优服务。通过"咨询公司+产业单位+融资机构"的组合，制定兼具系统性、实效性和操作性的综合解决方案。根据综合解决方案签订战略合作协议，明确方案实施主体、合作范围及具体内容。随时跟进各个具体项目的实施方案，按照协议逐一落实，形成一体化服务。在方案实施过程中，不同业务模块始终予以支持、协调和督促，确保综合性解决方案的整体成效。

　　中国未来的绿色低碳发展将面临更加复杂的局面，环境污染与气候变化需要两手同时抓，同时还要协调能源问题。大气污染等区域环境问题日益突出，遭遇的主要环境矛盾尚未解决，同时还要与国际社会一道共同应对气候变化这个全球环境问题。推进绿色发展，实现区域环境污染物的末端治理和生态建设，还需对能源进行高效利用与清洁利用，减少化石能源燃烧产生的二氧化碳排放总量，融入低碳理念，同步实施节能和优化能源消费结构这两个能源问题的核心内容，以更好地促进经济社会在资源环境约束下的可持续发展。

　　绿色低碳与环保节能密切关联。在进一步减少化石能源使用量、推行节能减排，提升能源利用效率、降低能源消费过程中产生的二氧化碳量，实现低碳排放的同时，还可通过能源的清洁低碳化、优化能源结构实现低碳发展。对于同样的能源需求，采用更清洁低碳的能源来进一步实现低碳。不同品种的能源碳排放差别很大，同样发一度电，煤的碳排放是天然气的 2 倍以上，而可再生能源则是零排放。因此，"控煤、提气、发展非化石能源"将成为一条切实可行的基于能源清洁低碳化需求走向的绿色低碳发展道路。

第5章 重大行动计划——节能技术装备发展工程

5.1 现 状 分 析

5.1.1 战略地位

（1）有利于产业向高端技术产业发展

当前，资源约束趋紧，大气污染严重，国家对节约能源的需求已经达到了前所未有的迫切程度。中国节能产业已基本形成领域覆盖全面、产业链较为完整的产业体系，但前沿技术研发与转化不足，先进节能技术装备的市场占有率偏低。因此重点研发适合中国国情的重大节能装备与仪器设备，加大国产节能产品市场占有率，提高节能装备技术水平，明确节能科技成果转化推广工作是目前促进节能产业向高端节能技术发展的主要方向。

（2）有利于促进节能科技成果转化

近年来，随着国家经济体制改革的不断深化，市场机制逐步健全和完善。目前，中国节能产业正处于快速发展时期，产业驱动方式处于"政府主导型"向"市场调节型"的过渡时期。长期以来节能产业主要依靠政策驱动而非技术驱动，与市场需求脱节，因而无法有效地利用市场机制实现如电子、计算机等成熟行业技术成果转化的产业化模式。上述现实造成了大量优秀的节能科技成果与高耗能市场的巨大需求无法对接，节能减排推进与节能产业发展面临困境。因此，重大节能关键技术与产品产业化及规模化应用，是促进节能产业全面深入发展的重要前提。

5.1.2　技术发展现状

（1）节能关键共性技术和装备研发现状

近年来，中国不断加强节能技术创新，高性能建筑保温材料、光伏一体化建筑用玻璃幕墙、紧凑型用户空气源热泵技术、先进高效燃气轮机发电装置、煤炭清洁高效利用技术装备、浅层地热能利用装置、蓄热式高温空气燃烧装置等技术研发工作总体上发展参差不齐，只有部分关键技术成熟，达到国际领先水平。

高性能建筑保温材料：中国经过近 20 年的研究及近十年的外墙大规模应用，使高性能建筑保温材料的生产能力不断扩大，形成了全系列各种类型保温技术的应用技术规范、规程，每种类型的保温系统在中国均有大量的保温工程案例，应用技术日趋成熟，国外一大批知名的保温企业均在中国设立研发生产基地或分公司（如圣戈班、申得欧、欧文斯科宁等），国内也涌现了一大批勇于创新、致力于推广外墙外保温技术的规模较大的公司（如江苏尼高、北京振利等）。目前，虽然钛纳硅超级绝热材料保温节能技术和墙体用超薄绝热保温板技术等已经研发出相应的产品，但技术产品的推广比例较小，均低于 10%。

光伏一体化建筑用玻璃幕墙：光伏建筑一体化（building integrated photovoltaic，BIPV）是光伏组件与玻璃幕墙的紧密结合。幕墙在中国发展近 30 年以来，各种幕墙形式都具有了比较成熟的设计和安装技术。近年来中国开展了一系列 BIPV 重大工程项目，如深圳市高新区软件大厦、1MWp 深圳园博园光伏建筑一体化示范项目等。2012 年，中国光电建筑应用示范项目共计 128 个，总装机容量约为 227 兆瓦，补助资金为 12.87 亿元。

紧凑型用户空气源热泵技术：国内空气源热泵技术已经较为成熟，使用率已经达到 40% 以上，已经广泛应用于民用、商用建筑的大中小冷气、暖气、集中生活热水供应。但是紧凑型用户空气源热泵技术还有待进一步研发。大功率半导体照明芯片与器件：2013 年以来，除了传统的户外照明市场、强光手电筒市场外，大功率陶瓷封装光源已逐步向汽车前灯、手机闪光灯、紫外 LED 灯等领域渗透。目前，国产功率型照明级 LED 芯片产品在光效、寿命及可靠性等性能方面都取得了较大进展，开发出图形衬底等一系列关键工艺技术。产业化方面，以三安光电为代表的国内厂商突破了 100 lm/W 的技术大关。目前技术较为成熟，推广比例达到 30%。

先进高效燃气轮机发电装置：目前，燃气轮机发电技术已经普及中国各大电厂，如燃气轮机值班燃料替代技术目前推广比例达到 5%，该技术在行业内的推广潜力为 40%，目前已经在 3×50MW 燃气-蒸汽联合循环发电系统应用。

煤炭清洁高效利用技术装备：目前，中国燃煤发电超低排放技术已经达到国际领先水平，拥有世界上最先进和装机最多的燃煤发电工程应用，世界上新增的超临界和超超临界机组超过半数以上都产自中国。煤直接液化、煤制烯烃、煤间接液化、煤制甲烷等一批现代煤化工新技术取得突破，并获得工业示范成功。

浅层地热能利用装置：地热能技术已经发展较为成熟，在兰州、杭州、长春等地得到广泛应用，目前推广应用已经达到 10%。但是浅层地热能同井回灌技术和单井循环换热地能采集技术等浅层地热能关键技术虽然已经研发和示范，但目前的推广比例较小，低于 5%。

蓄热式高温空气燃烧装置：目前，中国在蓄热式高温空气燃烧技术方面已经形成了一套比较完善的设计思想和方法，取得了一系列具有独立知识产权的研究成果。中国蓄热式高温空气燃烧技术已经广泛应用于冶金、能源、机械加工、化工等行业，如基于变相储热的多热源互补清洁供热技术。

（2）节能技术与产品规模化示范

2008～2013 年，国家发改委编制了《国家重点节能技术推广目录》（1-6 批），涉及各行业共 215 项重点节能技术。2014～2015 年，国家发改委每年发布《国家重点节能低碳技术推广目录（节能部分）》及该目录的技术报告，目录共涉及包括造纸在内的 13 个行业，2014 年和 2015 年推广的技术分别为 218 项、266 项。2016 年国家发改委发布《国家重点节能低碳技术推广目录（2016 年本，节能部分）》，其中涉及煤炭、电力、钢铁、有色、石油石化、化工、建材、机械、轻工、纺织、建筑、交通、通信 13 个行业，共 296 项重点节能技术，同时废止原《国家重点节能技术推广目录》（1-6 批）和 2014～2015 年发布的《国家重点节能低碳技术推广目录（节能部分）》。从重点节能技术推广目录中可以看出，燃煤电厂节能与超低排放装备、电机系统节能技术装备、能量系统优化技术装备和余热余压利用装备的推广应用均较为广泛。同时，《重大节能技术与装备产业化工程实施方案》提出，到 2017 年，高效节能技术与装备市场占有率由 2015 年的不足 10%提高到 45%左右。

推进燃煤电厂节能与超低排放改造：火电行业超低排放改造工作正在稳步推进。截至 2016 年 1 月，全国近 1 亿千瓦煤电机组已经进行了超低排放技术改造，正在进行技术改造的超过 8000 万千瓦。随着超低排放项目的推进，近年来逐渐出现了一些新的技术，如脱硫除尘一体化处理技术、单塔一体化脱硫除尘深度净化技术、沸腾式泡沫脱硫除尘一体化技术等。随着技术水平的提高和创新，超低排放改造的投资成本快速下降，而排放效果不断提高，这都为实现国家燃煤电厂超低排放改造的目标奠定了坚实的基础。

电机系统节能改造：目前 50%的低压三相笼型异步电动机产品、40%的高压电动机产品达到高效电机能效标准规范；累计推广高效电机 1.7 亿千瓦，淘汰在用低效电机 1.6 亿千瓦，实施电机系统节能技改 1 亿千瓦，实施淘汰电机高效再制造 2000 万千瓦。但是目前新型电机技术，如自励三相异步电动机（制造）技术、基于微机控制的三相电动机节电器技术等新型节能电机装置，推广比例仅为 1%，有待于进一步推广应用。

能量系统优化改造：流程工业能量系统优化技术和装备已经广泛应用于钢铁、石油化工、造纸等行业，其中大连理工大学化工学院在自主创新的基础上开发的"过程系统能量集成技术"，已经大规模应用于大连、吉林、辽阳、抚顺、燕山、齐鲁等石化企业 20 余套生产装置的用能分析，提出了低温过程多流股换热器网络的综合节能方法，实施后工程节能 44.5%。但是对于新型节能能量系统优化技术仍需进一步推广，如应用于设计规模为5000 吨/天的干法水泥线系统节能改造"用于高耗能行业的集成系统诊断与优化节能技术"的推广比例仍低于 5%。

余热余压利用：中国余热余压产品和技术在各行业中也得到了广泛的应用。主要应用于钢铁、水泥等高耗能行业，主要设备制造商包括杭锅股份、海陆重工等。电炉余热和加热炉余热联合发电技术、矿热炉烟气余热利用等余热余压的节能重点技术目前的推广比例已经达到 40%以上，技术在行业内的推广潜力预计为 80%～90%。

（3）城市、园区和企业节能示范工程

国家节能减排财政政策综合示范城市全国共有 30 个，分为三批，2011 年，第一批（8 个）城市为北京市、深圳市、重庆市、杭州市、长沙市、贵阳市、吉林市、新余市；2013 年，第二批（10 个）城市为石家庄市、唐山市、铁岭市、齐齐哈尔市、铜陵市、南平市、荆门市、韶关市、东莞市、铜川市；2014 年 10 月，第三批（12 个）城市为天津市、临汾市、包头市、徐州市、聊城市、鹤壁市、梅州市、南宁市、德阳市、兰州市、海东市、乌鲁木齐市。

园区节能示范工程，主要包括建筑节能示范园区和照明节能示范园区。例如，江苏省首批建筑节能示范区——苏州工业园区中新生态科技城 2010 年成功申报江苏省首批"建筑节能与绿色建筑示范区"，获得 2496 万元的省级财政补助；2013 年以江苏省第一的成绩通过省住建厅、财政厅组织的首批省级建筑节能示范区验收。另外，由浙江大邦科技有限公司自主研发、拥有独立知识产权的"高效智能道路照明管理系统"被列入 2013 年度国家科技惠民示范工程，获得国家及省财政 2160 万元资助，是照明领域的节能、智能示范项目，该项目在 2015 年 5 月底前完成了余杭区 5 万盏路灯节能改造与智能建设，建设 23 个路灯智能控制中心，实现了路灯节电 60%，每年可节约电费 3269 万元。

5.1.3　与国际的比较

（1）节能技术和装备品种与国外差距不大，但品种规格系列尚不齐全

目前，国内外的节能技术和装备的发展和研究基本同步，品种所差无几，但品种规格系列不够齐全，适用范围、施工应用技术与国外差距较大，并且节能效益较发达国家还有相当大的差距。

（2）国外部分技术能够达到"零用能"，国内技术研究仍需深化

近年来，在一些发达国家"零用能"得到了一定的发展，如完全由太阳能光电转换装置提供建筑物需要的全部能源消耗，真正做到清洁、无污染。虽然中国太阳能光伏一体化建筑方面的技术也很成熟，但是距离真正做到零用能、无污染还有一定差距，因此需要进一步对技术深化研究。

（3）技术发展参差不齐，部分国际领先，部分与国外相比仍有较大差距

中国燃煤发电超低排放技术已经达到国际领先水平，拥有世界上最先进和装机最多的燃煤发电工程应用，世界上新增的超临界和超超临界机组超过半数以上都产自中国。煤直接液化、煤制烯烃、煤间接液化、煤制甲烷等一批现代煤化工新技术取得突破，并获得工业示范成功。但与国外相比，二氧化碳捕集利用与封存、煤转化废水处理、煤热解气化分质转化制清洁燃气关键技术等还存在较大差距。

（4）国外技术和产品的产业化相对成熟，推广比例较高

国外对于节能技术和装备的推广已经非常普遍，如国外的空气源热泵热水器已经相当成熟，使用比例在一些欧美国家达到 70%，高于中国 40% 的使用率。

5.1.4　存在的主要问题

以企业为主体的节能环保技术创新体系尚未完全形成，科研、设计力量薄弱，自主开发能力差，产学研结合不够紧密。

节能技术的发展、推广和应用水平远远低于发达国家，关键技术科技成果转化率低，无法形成产品和设备的大规模产业化。

发达国家对于重点关键节能技术实施高度垄断，中国企业消化和创新能力较弱，因此，部分关键设备仍需进口。

企业中高级研发人员缺乏，人员结构不合理，流动性较大，人才培养不能满足国际市场的发展需求。

缺乏对节能技术自主研发企业的经济激励性政策支持。

5.2　行　动　目　标

总体目标：加大节能关键技术和装备的研发，组织落实节能关键共性技术提升和装备优化；推进能量系统优化、余热余压利用等重大节能关键技术与产品产业化及规模化应用；组织实施城市、园区和企业节能示范工程，推

广高效节能技术集成示范应用。力争到 2020 年初步建立 3～5 个节能领域孵化器，使高效节能产品与装备市场占有率提高到 50%以上。具体细分如下。

（1）加大节能关键技术和装备的研发，组织落实节能关键共性技术提升和装备优化。在环渤海、长三角、珠三角等区域建立节能孵化器，研发高性能建筑保温材料、光伏一体化建筑用玻璃幕墙、大功率半导体照明芯片与器件等节能关键技术和装备，力争到 2020 年初步建立 3～5 个节能领域孵化器，突破关键技术和装备 50 余项。

（2）推进能量系统优化、余热余压利用等重大节能关键技术与产品产业化及规模化应用。在北京、上海等重点地区建立产业联盟和技术成果转化平台，制定限制淘汰低效高能耗设备和产品目录，实施燃煤电厂节能与超低排放改造、建筑节能改造等节能技术改造工程，推进电机系统节能、能量系统优化、余热余压利用等节能关键技术与产品规模化应用，到 2020 年，使高效节能产品与装备市场占有率提高到 50%以上。

（3）组织实施城市、园区和企业节能示范工程，推广高效节能技术集成示范应用。到 2020 年，初步形成高效燃烧和换热技术、高效电机及其控制系统、余热余能利用装备等各类节能制造基地，初步建立国家级节能示范城市和园区，选择北京、天津等重点城市，火电、建筑、照明等重点行业企业实施关键节能技术和装备的示范工程，培育节能示范企业。

技术目标：在环渤海、长三角、珠三角等区域建立节能孵化器，研发高性能建筑保温材料、光伏一体化建筑用玻璃幕墙、大功率半导体照明芯片与器件等节能关键技术和装备，力争到 2020 年初步建立 3～5 个节能领域孵化器，突破关键技术和装备 50 余项。

经济目标：在北京、上海等重点地区建立产业联盟和技术成果转化平台，制定限制淘汰低效高能耗设备和产品目录，实施燃煤电厂节能与超低排放改造、建筑节能改造等节能技术改造工程，推进电机系统节能、能量系统优化、余热余压利用等节能关键技术与产品规模化应用，到 2020 年，使高效节能产品与装备市场占有率提高到 50%以上。

社会效益：节能关键技术的研发和产业化，能提高能源利用效率和改善生态环境质量，全面实现节能减排，保障"十三五"节能减排约束性目标的完成；技术和产品的产业化，以及园区、城市等示范工程的开展，能扩大就业范围，提高相关就业岗位数量。

5.3　主　要　内　容

5.3.1　加大节能关键技术和装备的研发，组织落实节能关键共性技术提升和装备优化

（1）建设节能技术和装备研发的专业孵化器

在环渤海、长三角、珠三角等区域建立节能孵化器。支持孵化器积极为企业提供公共技术服务、测试验证服务、中试服务、技术培训、金融支持、创投服务等专业服务。根据在孵企业和项目发展潜力不同，给予节能环保企业和项目不同等级的房屋租赁、中试基地使用等方面的优惠政策。

（2）研发节能关键节能技术和装备

节能锅炉窑炉领域：重点突破和优化燃煤燃气锅炉技术、锅炉自动控制技术、锅炉效率与污染物实时传输及监控技术、热力管网系统优化技术等关键技术和装备。

节能电机系统领域：重点突破和优化有机朗肯循环低温余热发电设备技术、稀土永磁无铁芯电机技术、特种非晶电机和非晶电抗器技术、特大功率高压变频技术等，推动电机及拖动系统与电力电子技术、现代信息控制技术相融合。

余能回收利用领域：重点突破和优化余热余压直接转换为机械能回收利用，中低品位余能有机朗肯循环发电，基于吸收式换热的集中供热，低浓度瓦斯安全利用，高效换热器、热泵、蓄热器等余热利用技术等。

建筑节能领域：重点突破和优化高性能建筑保温材料技术、建筑用相变储能技术、光伏一体化建筑用玻璃幕墙技术、紧凑型用户空气源热泵装置技术等。

照明节能领域：重点突破和优化大功率 LED 器件封装技术及材料、大功率 LED 器件产业化装备与测试技术、大功率半导体照明芯片与器件等技术和装备等。

（3）加强自主创新支撑体系建设，加大政府研发政策支持

国家及各级政府部门设立高效节能技术研究重大科技专项；出台系列政策支持中小企业进行节能关键技术研发，如提高政府对研发资金的支持，以及税收优惠政策等。结合国家创新能力建设总体布局，政、产、学、研、用紧密结合，培育一批以企业为主体、市场为导向，具有国家影响力的节能科技研发和产品设计队伍，打造节能科技创新的智力优势和人才高地。

5.3.2 推进能量系统优化、余热余压利用等重大节能关键技术与产品产业化及规模化应用

（1）实现节能关键技术和产品的产业化

在北京、上海、天津、江苏等高校、技术和企业相对集中的地区，组织国内优势科研院所大专院校、制造企业、检测单位、用户企业等组成节能装备制造产业联盟。产业联盟立足节能技术与装备产业化，重点服务中小企业，开展方案设计、技术研发验证、示范应用、成果推广等成套化、系统化、专业化、规范化、标准化服务。依托产业联盟，建立行业研发设计和技术成果转化服务平台，推动建立节能技术公共基础信息数据库、专家诊断系统等共享平台，共享节能技术方面的国内外先进资源等。

（2）限制淘汰低效高能耗设备和产品

持续实施中国工业能效提升计划，定期发布《高耗能落后机电设备（产品）淘汰目录》（第五批-第九批），淘汰落后电机、落后锅炉，同时制定其他工业、交通、建筑等领域落后高耗能产品和装备淘汰和限制目录。逐步淘汰关停 20 万千瓦及以下非热电联产燃煤机组，到 2020 年，京津冀地区全部关停 20 万千瓦及以下非热电联产燃煤机组。将能效提升任务纳入万家企业、国有企业节能减排考核目标，明确利用节能减排等资金渠道支持能效提升计划。

（3）实施燃煤电厂节能与超低排放改造、建筑节能改造等节能技术改造工程

大力实施节能技术改造工程，运用余热余压利用、能量系统优化、电机系统节能、燃煤锅炉升级改造等成熟节能技术改造工程设备，对企业的锅炉、电机与拖动设备进行匹配性改造；在燃煤电厂行业，逐步实现 10 万

千瓦及以上燃煤机组全部完成超低排放改造，京津冀、长三角、珠三角等重点地区满足改造条件的供热煤电机组，通过环保和节能技术改造、煤炭洗选等措施，提高能效，使污染物排放降至燃气机组排放标准，推动具备供热条件的纯凝机组实施供热改造，实现热电联产；在煤炭、冶金、化工、焦化、建材等行业推进燃煤锅炉自动控制系统、风机水泵变频调速、干法熄焦、煤调湿、高效节能选粉技术等节能改造；挖掘工业窑炉节能潜力，实施蓄热式燃烧、富氧燃烧、四通道喷煤燃烧、流态化焙烧高节能炉窑等节能技术改造；推进节能屋顶、节能玻璃、节能墙体、建筑高效照明等既有建筑、公共建筑等领域的节能改造；健全节能标准体系，制定适应不同区域、不同气候条件、不同工艺状况的节能技术标准，主要高耗能行业实现节能标准全覆盖，90%以上的能效、能耗限额指标达到国内、国际先进水平。

（4）推进电机系统节能、能量系统优化、余热余压利用等节能关键技术与产品规模化应用

在重点用能企业推广余热余压利用、烧结烟气回收、低浓度瓦斯发电、能耗管控系统和监测等先进适用技术，定期发布节能技术、低碳技术推广目录，引导企业使用适用节能技术。新建燃煤发电项目原则上全部采用 60 万千瓦及以上超超临界机组，平均供电煤耗低于 300 克标准煤/千瓦时；重点推广达到国家 1 级、2 级能效标准的电动机、变压器、高压变频器、无功补偿设备、风机、水泵、空气压缩机系统等；推广低温烟气余热深度回收、空气源低温热泵供暖等低品位余热回收利用技术，支持余能发电上网，推动能源按品质高低实现梯级利用；鼓励石油化工、电力、钢铁、有色等高耗能行业采用工艺流程模拟与优化控制技术，优化生产用能方案，全面实现用能系统的优化集成；推广达到国家 1 级、2 级能效标准的节能家用电器、办公和商用设备，以及半导体照明等高效照明产品。继续实施国家节能产品惠民政策及能效领跑者计划，定期公布能源利用效率最高的空调、冰箱、风机、水泵、空气压缩机等量大面广终端用能产品目录，推动高效节能产品市场消费，截止到 2020 年使高效节能产品与装备市场占有率提高到 50%以上；修订能效标识管理办法，扩大能效标识的产品类别，整合节能和低碳产品认证制度，强化能效标识和节能产品认证制度实施力度，引

导消费者购买高效节能产品。

5.3.3 组织实施城市、园区和企业节能示范工程，推广高效节能技术集成示范应用

（1）推动形成节能装备制造产业集聚

鼓励环渤海、长三角、珠三角三大核心区域聚集发展，具有产业基础、区位优势和智力资源优势的地区率先发展，加快形成节能装备制造集聚优势。围绕应用面广、节能潜力大的锅炉窑炉、电机系统、余热余压利用等重点领域，形成2~5个大型流化床锅炉、粉煤气化、蓄热式燃烧、高效换热器等以高效燃烧和换热技术为特色的制造基地；2~5个稀土永磁无铁芯电机、高压变频控制、无功补偿等高效电机及其控制系统制造基地；2~5个低品位余热发电、中低浓度煤层气利用等余热余能利用装备制造基地；2~5个高端照明产品制造基地。

培育一批具有自主知识产权和核心竞争力的节能技术装备大型骨干生产企业和"专精特新"中小企业，鼓励龙头企业加快实施兼并重组，提升产业集中度和市场竞争优势。

（2）推进节能城市、园区、企业示范应用

选择10个城市（区、县）实施城市节能示范工程，在城市交通、城市建筑、城市居民、城市产业等各层面推广高效节能技术和产品，推广高效节能技术集成示范应用，打造国家级节能示范城市（区、县）。

选择10个园区实施工业园区节能示范工程，在整个工业园区中示范推广成套的、系统的能源系统优化装备、余热余压利用装备等节能先进技术和装备，打造国家级先进节能示范产业园区。

选择火电、建筑、照明等典型行业企业，示范推广超低排放燃煤发电技术、光伏一体化建筑用玻璃幕墙等关键技术和装备，在北京、天津等重点城市开展零能耗或者超低能耗建筑的试点工作，推广带有热回收功能的居住建筑和公共建筑新风系统。建设推广应用示范工程30项，培育15家以上节能技术装备和产品示范企业。

5.4　实　施　途　径

5.4.1　可行性

一方面，中国节能工作始于 20 世纪 80 年代初期，近年来，为积极实现节能减排目标，更是从工业、建筑业、财政、污染控制等方面制定了若干政策，主要包括：《工业节能管理办法》、《公共机构节约能源资源"十三五"规划》、《高效节能环保工业锅炉产业化实施方案》、《国家重点节能低碳技术推广目录（2017 年本，低碳部分）》、《"十三五"全民节能行动计划》和《"十三五"节能减排综合工作方案》等。这些政策的实施，有效地促进了中国节能工作的开展及节能技术和装备产业的发展。

另一方面，多年来中国"能效提升计划"、"节能改造工程"和"节能产品惠民工程"等重大工程的实施，为节能技术和装备发展重大行动计划的实施奠定了坚实的技术研发和产业化基础。

5.4.2　组织实施与资金主要来源

组织实施：主要由国家发改委、工业和信息化部及科学技术部牵头，各部委和地方政府参与。

资金主要来源：技术研发、孵化器建设、平台建设和节能城市示范等多数工程建设的资金来源于国家财政支持，部分来源于地方配套、企业自筹和社会资本投入。

5.4.3　与已有项目的衔接

（1）"十一五"期间相关规划及重点工程

"十一五"期间，国家发布节能中长期专项规划，规划中涉及与战略性新兴产业中的重点工程相关的工程主要包括燃煤工业锅炉（窑炉）改造工程、区域热电联产工程、余热余压利用工程、电机系统节能工程、能量系统优化工程。重点工程的主要内容包括到 2010 年，燃煤窑炉效率提高 20%；城市集中供热普及率提高到 40%，新增供暖电联产机组 4000 万千瓦，在钢铁、水泥、地面煤层气开发等行业推行余热余压利用工程；推广高效节能电机，重点行业推行能量系统优化。"十一五"期间电机系统节能和重点行业能量系统优化的重点工程处于刚刚起步阶段。

（2）"十二五"期间相关规划及重点工程

"十二五"期间，国家发布《工业节能"十二五"规划》和《"十二五"节能减排规划》，这两部规划中的重点工程较为相似，具有一致性。规划中涉及的相关工程包括锅炉（窑炉）改造和热电联产、电机系统节能改造工程、余热余压回收利用工程、节能技术产业化示范工程。重点工程的主要内容包括到 2015 年工业锅炉、窑炉平均运行效率分别比 2010 年提高 5 个和 2 个百分点。东北、华北、西北地区大城市居民采暖除有条件采用可再生能源外基本实行集中供热，中小城市因地制宜发展背压式热电或集中供热改造，提高热电联产在集中供热中的比重；2015 年电机系统运行效率比 2010 年提高 2~3 个百分点；加强电力、钢铁、有色金属、合成氨、炼油、乙烯等行业企业能量梯级利用和能源系统整体优化改造，开展发电机组通流改造等，优化蒸汽、热水等载能介质的管网配置，实施输配电设备节能改造，"十二五"规模化应用等，形成 10~15 个高效燃烧和换热技术为特色的制造基地；15~20 个高效电机及其控制系统产业化基地；5~10 个余热余能利用装备制造基地。到 2015 年，高效节能技术与装备市场占有率由目前不足 5%提高到 30%左右，产值达到 5000 亿元形成 4600 万吨标准煤的节能能力；能源行业、钢铁行业、有色金属行业、建材行业、化工行业推行余热余压利用工程。到 2015 年新增余热余压发电能力 2000 万千瓦，"十二五"时期形成 5700 万吨标准煤的节能能力。示范推广一批重大、关键节能技术，对关键产品或核心部件组织规模化生产，提高研发、制造、系统集成和产业化能力。"十二五"时期产业化推广 30 项以上重大节能技术，培育一批拥有自主知识产权和自主品牌、具有核心竞争力、世界领先的节能产品制造企业，形成 1500 万吨标准煤的节能能力。

（3）"十三五"期间相关规划及重点工程

"十三五"期间，国家发布了《"十三五"全民节能行动计划》、《"十三五"节能减排综合工作方案》和《"十三五"节能环保产业发展规划》等文件。文件涉及了相关的重点工程,包括燃煤工业锅炉节能环保综合提升工程、电机拖动系统能效提升工程、余热暖民工程、能量系统优化工程、节能技术产业化示范工程(表5-1)。重点工程的主要内容包括鼓励综合采取锅炉燃烧优化等技术实施锅炉系统节能改造,力争2020年燃煤锅炉全部使用洗选煤,"十三五"时期形成5000万吨煤的节能能力;推进电机系统调节方式改造,重点开展高压变频调速节能改造,支持基于互联网的电机系统能效监测、故障诊断、优化控制平台建设。鼓励采用高效电动机、风机、压缩机、水泵、变压器替代低效设备,推广普及中低品位余热余压利用技术,尤其是要提高中小型企业余热余压利用率,推进余热余压利用技术与工艺节能相结合。深入挖掘系统节能潜力,提升系统能源效率。推广新型高效工艺技术路线,提高行业能源使用效率。到2020年,形成5000万吨标准煤的节能能力;低品位余热用于城镇供热、燃煤锅炉超高能效和超低排放燃烧、浅层地能开发利用等关键技术和装备产业化示范,加快推广高温高压干熄焦、无球化节能粉磨、新型结构铝电解槽、电炉钢等短流程工艺,以及铝液直供、智能控制等先进技术,实施一批重大节能技术示范工程。

(4)规划的相关性分析

"十一五"期间的重点工程与重大行动计划中比较相关的重点工程为燃煤工业锅炉(窑炉)改造工程、区域热电联产工程、余热余压利用工程、电机系统节能工程、能量系统优化工程。但是从"十一五"期间相关规划的内容来看,"十一五"期间,节能相关重点工程处于刚刚起步阶段,技术推广也仅在典型行业开展,并且对于电机系统节能和重点行业能量系统优化的重点工程并未设定具体的节能指标。

"十二五"期间的重点工程与重大行动计划中比较相关的重点工程为锅炉(窑炉)改造和热电联产、电机系统节能改造工程、余热余压回收利用工程、节能技术产业化示范工程。从工程的内容来看,工程的要求与"十一五"期间相比,要求更高、更具体、更全面了。例如,对于电机及其控制系统产业化基地、余热余压利用工程示范基地建设等都进行了定量规定,并规定预计到2015年,高效节能技术与装备市场占有率由2012年不足5%提高到30%左右。

表 5-1 节能技术与装备发展相关工程

规划名称	相关工程	相关内容	与重大行动计划的联系
"十三五"全民节能行动计划	燃煤工业锅炉节能环保综合提升工程	发布高效节能锅炉推广目录,推进燃煤锅炉"以大代小",推广节能环保煤粉锅炉。鼓励综合采取锅炉燃烧优化、二次送风、自动控制、余热回收、太阴能预热、冷凝水回收等技术实施锅炉系统节能改造,提高运行管理水平和热效率。改善燃料品质,力争2020年燃煤锅炉全部使用洗选煤,逐步提高工业锅炉燃用专用煤的比例。"十三五"时期形成5000万吨标准煤的节能能力	与重大行动计划提出的实施燃煤锅炉节能环保综合提升工程、电机拖动系统能效提升工程、推进燃煤电厂节能与超低排放改造、电机系统节能、组织实施城市、园区和企业节能示范工程,推广高效节能技术集成示范应用等重大工程相似
	电机拖动系统能效提升工程	推进电机系统调节方式改造,支持基于工业互联网的电机系统能效监测。重点开展高效电机改造、柔性传动等节能改造,风机、水泵、压缩机变频调速、永磁调速、内反馈调速,故障诊断,优化控制平台建设。鼓励采用高效电动机,加快系统无功补偿改造。2020年电机系统运行效率比2015年提高3~5个分点,形成4000万吨标准煤的节能能力	
	能量系统优化工程	按照能源梯级利用、系统优化的原则,对工业窑炉实施节能改造,推广应用热能改造、燃烧系统改造、余热余压能利用、密闭余热余压能改造等技术。推广及普及余热余压利用技术,尤其是提高中小品位企业余热余压回收利用效率。深入挖掘系统节能潜力,提高余热余压能源效率。推广新型高效工艺技术路线,提高行业能源使用效率。到2020年,形成5000万吨标准煤的节能能力	
	节能技术产业化示范工程	围绕节能减煤和化石能源清洁高效燃烧,重点支持中低品质能源清洁高效燃烧、燃煤锅炉超高能效和超低排放发电、工业低温余热回收利用、低品位余热用于城镇供热,燃煤锅炉超低排放燃烧、水煤超临界制氢,民用散煤清洁高效燃烧、浅层地热开发利用、半导体照明等关键技术和装备产业化示范,加快推广高温高压干熄焦、无球化节能粉磨、新型结构铝电解槽、铝液直供、智能控制等先进技术,实施一批重大节能技术示范工程	
"十三五"节能减排综合工作方案	节能重点工程	组织实施燃煤锅炉节能环保综合提升、电机系统综合提升、余热暖民、绿色照明、节能技术装备产业化示范,电机系统节能、余热余压综合能效提升、坡镇化节能升级改造,天然气分布式能源示范工程、合同能源管理推进,重点用能单位综合能效提升、推进能源综合梯级利用,形成3亿吨标准煤左右的节能能力,到2020年节能服务产业产值比2015年翻一番	与重大行动计划提出的推进燃煤电厂节能与超低排放改造、电机系统节能、余热余压利用等重大关键节能技术与产品规模化应用示范相似

续表

规划名称	相关工程	相关内容	与重大行动计划的联系
"十三五"节能环保产业发展规划		通过实施节能环保重点工程，有力激发市场对节能环保技术、装备、产品及服务的需求。以燃煤锅炉、电机系统、照明产品等通用设备升级改造为重点，大力推动节能装备升级行动，开展工业能效赶超行动，推动钢铁、有色、石化、建材等高耗能行业实施节能改造，进一步加强能源管控中心建设	推进燃煤电厂节能与超低排放改造、电机系统优化、能量系统优化、余热余压利用等重大关键节能技术与产品规模化应用示范
"十二五"节能环保产业发展规划	重大节能技术和装备产业化工程	围绕应用面广、节能潜力大的锅炉窑炉、电机系统、余热余压利用等重点领域，通过重大技术和装备产业化示范、规模化应用等，形成10~15个大型流化床锅炉、粉煤气化、蓄热式燃烧、高压变频节电机、稀土永磁无铁芯电机、中低浓度煤层气等热发电、5~10个低品位余热发电，高效换热技术为特色的制造基地。到2015年，高效节能技术与装备市场占有率由2012年不足5%提高到30%左右，产值达到5000亿元	推进燃煤电厂节能与超低排放改造、电机系统优化、能量系统优化、余热余压利用等重大关键节能技术与产品规模化应用示范
2014-2015年节能减排低碳发展行动方案	实施重点工程	大力实施节能技术改造工程，运用余热余压利用、能量系统优化、电机系统优化，加快实施节能技术装备产业化工程，推广应用低品味余热余压利用，稀土永磁电机等先进技术装备，形成节能能力1100万吨标准煤。设备，形成节能能力3200万吨标准煤，热利用、半导体照明	组织实施城市、园区实施工程，推广高效节能成果集成示范应用
"十二五"节能减排规划	锅炉（窑炉）改造和热电联产	实施燃煤锅炉和锅炉房系统节能改造，提高锅炉热效率和运行管理水平；在部分地区开展锅炉专用煤集中加工，提高优质高效锅炉改造，推动老旧供热管网、换热站改造，推广四通道喷煤燃烧，并流蓄热石灰窑煅烧等高效窑炉节能技术。到2015年工业窑炉平均运行效率比2010年提高5个和2个百分点。东北、华北、西北地区大城市居民或城市集中供热改造，提高热电联产在集中供热中的比重。"十二五"时期形成7500万吨标准煤的节能能力	推进燃煤电厂节能与超低排放改造、电机系统优化、能量系统优化、余热余压利用等重大关键节能技术与产品规模化应用示范
	电机系统节能	采用高效节能电动机、风机、水泵、变压器等更新淘汰落后高耗能设备。对电机系统实施变频调速、无功补偿等节能改造，优化电机系统运行控制，提高系统整体运行效率。开展大型水利灌溉设备、电机总容量10万千瓦以上电机系统运行示范改造。2015年电机运行效率比2010年提高2~3个百分点，"十二五"时期形成800亿千瓦时的节能能力	

续表

规划名称	相关工程	相关内容	与重大行动计划的联系
"十一五"节能减排规划	能量系统优化	加强电力、钢铁、有色金属、合成氨、炼油、乙烯等行业企业能量梯级利用和能源系统整体优化改造，开展发电机组通流改造，冷却塔循环水系统优化，冷凝蒸汽、热水等载能介质的管网配置，实施输配电设备节能改造，深入挖掘系统节能潜力，大幅度提升系统能源效率。"十二五"时期形成4600万吨标准煤的节能能力	推进燃煤电厂节能与超低排放改造、电机系统节能、余热余压能量系统优化、等重大关键节能技术与产品规模化应用示范。组织实施城市、园区和企业节能示范工程，推广高效节能集成技术应用
	余热余压利用	能源行业实施煤矿瓦斯低浓度瓦斯、油田伴生气回收利用；钢铁行业推广干熄焦、干式炉顶压差发电，高炉转炉煤气回收发电、烧结机余热发电、玻璃熔窑余热发电；有色金属行业推广冶金炉窑余热利用，建材行业推行新型干法水泥纯低温余热发电，化工行业推行炭黑余热利用；积极利用工业低品位余热作为城市供热热源。到2015年新增余热余压发电能力2000万千瓦，"十二五"时期形成5700万吨标准煤的节能能力	
	节能技术产业化示范工程	示范推广低品位余热利用、高效环保煤粉工业锅炉、稀土永磁电机、半导体照明、太阳能光伏发电、新能源汽车、关键节能技术。建立节能技术评价认定体系，形成节能技术分类遴选、示范和推广的动态管理机制，对节能效果好、应用前景广阔的关键产品或核心部件组织规模化生产、制造，提高研发、塔育一批拥有自主知识产权和自主品牌，具有核心竞争力的节能产品制造企业。"十二五"时期推广30项以上重大节能技术，培育一批世界领先的节能产品制造企业，形成1500万吨标准煤的节能能力	
工业节能"十二五"规划	工业锅炉窑炉节能改造工程	重点推进中小型工业燃煤锅炉节能技术改造。淘汰结构落后、效率低、环境污染重的旧式铸铁锅炉。采用在线运行监测、等离子点火、粉煤燃烧、燃煤催化燃烧等技术对燃煤锅炉进行改造。采用洁净煤、优质生物型煤替代原煤，提高锅炉燃煤质量。在天然气资源丰富地区推行煤改气，在煤气资源乏乏的地区减少小型燃煤炉数量，采取窑体加热炉采用少开孔与护门数量、使用新型保温材料等措施提高工业窑炉的密闭性和炉体的保温性。对燃油炉窑进行燃气改造。重点实施石灰窑综合节能技术改造和轻工烧成窑炉低温快烧技术改造，推广节能型玻璃熔窑。到2015年，工业锅炉、窑炉运行效率分别比2010年提高5%和2%	

续表

规划名称	相关工程	相关内容	与重大行动计划的联系
工业节能"十二五"规划	电机系统节能改造工程	在钢铁、有色金属、石化、化工、轻工等重点领域，加快既有电机系统变频调速、优化电机系统，加快既有电机及风机、泵类系统、严禁淘汰后低效电机的生产、销售和使用。采用变频调速、永磁调速等先进电机调速技术，改善风扇、逐步淘汰闸板、阀门等调节方式，无功补偿装置，重点对大中型变工沉电机系统进行调速改造，提高电机系统运行效率。以先进的电力电子技术改造传统的机械传动方式，鼓励采用交流调速代替直流调速，采用高新技术改造传动方式改造传统的机械传动方式，鼓励节能服务公司采用合同能源管理、设备融资租赁等市场化机制推动电机系统节能改造。到 2015 年，电机系统节电率比 2010 年提高 2～3 个百分点	推进燃煤电厂节能与超低排放改造、电机系统优化、电机系统节能、余热余压关键节能技术与产品规模化应用示范。组织实施城市、园区和企业节能示范工程，推广高效节能技术集成示范应用
	余热余压回收利用工程	在钢铁、有色金属、化工、建材、轻工等余热余压资源丰富行业，全面推广余热余压回收利用技术。钢铁行业基本普及焦炉干熄焦装置、高炉干法除尘及炉顶压差发电装置，重点推广焦炉实施煤调湿改造、转炉余热发电和烧结机余热发电装置；有色金属行业重点建设冶炼烟气废热利用技术和炭黑余热利用装置，镁冶炼余热回收利用技术；建材行业在新型干法水泥生产线全部配套建设纯低温余热发电系统，重点推广玻璃熔窑余热发电技术，轻工行业重点推广造纸、煤焦化余热回收利用技术；化工行业重点推广硫酸生产低品位热能利用技术和煤焦化余热利用技术；建材行业在新型干法水泥生产线全部配套建设纯低温余热发电系统，重点推广玻璃熔窑余热回收技术改造	
	热电联产工程	在钢铁、有色金属、化工、轻工等行业发展热电联产，实现能源的梯级利用和能源利用效率的提高，结合城市基础设施建设支持有条件的工业企业发展热电联产，推广使用背压式汽轮机、抽气凝汽式汽轮机、微型燃气轮机、螺杆膨胀发电机等设备，提高热电联产新增项目采用高效率、低热放供热机组，发展非采暖期季节性用户。支持工业园区内企业按相关产业政策发展热电联产，为园区集中供电、供热、供冷。到 2015 年，大幅提高钢铁、有色金属、化工、轻工等行业产的平均热效率	
	节能产业培育工程	发展节能装备制造业。加大共性关键节能技术的研发、示范和产业化，加快节能装备的推广应用。支持信息技术与节能技术融合产生的新型关键共性节能技术的研发及推广应用，加快节能装备核心部件的国产化，培育一批拥有自主知识产权和知名品牌、具有一定产业基础和发展空间的区域，重点培育一批新型工业化产业示范基地（节能装备），推动基地增长；规模化发展，形成一批高效锅炉制造基地和高效电机及其控制系统产业化和及余热余压炉制造基地	

续表

规划名称	相关工程	相关内容	与重大行动计划的联系
节能中长期专项规划	燃煤工业锅炉(窑炉)改造工程	"十一五"期间通过实施以燃用优质煤、筛选块煤、固硫型煤和采用循环流化床、粉煤燃烧等先进技术改造或替代现有中小燃煤锅炉(窑炉),建立科学的管理和运行机制,燃煤工业锅炉效率提高5个百分点,节煤2500万吨,燃煤窑炉效率提高2个百分点,节煤1000万吨	燃煤电厂节能与超低排放改造、电机系统节能、能量系统优化、余热余压利用等重大关键节能技术与产品规模化应用示范
	区域热电联产工程	"十一五"期间重点在以采暖热负荷为主,且热负荷比较集中或发展潜力较大的地区,建设30万千瓦等级高效环保热电联产机组;在工业热负荷为主的地区,因地制宜建设以热力为主的背压热电联产;在以采暖供热需求为主,且热负荷较小的城市主要发展集中供热,待具备条件后再发展热电联产和热电冷联供,以洁净能源作燃料的分布式热电联产小城市建设以循环流化床为主要技术的热电联产;将现有分散式供热燃煤小锅炉改造为集中供热,新增供暖集中供热的分布式热电联产机组4000万千瓦,年节能3500万吨标准煤	
	余热余压利用工程	"十一五"期间在钢铁联合企业实施干法熄焦、高炉炉顶压差发电,全高炉煤气发电改造及转炉煤气回收利用,形成年节能266万吨标准煤;在日产2000吨以上水泥生产线建设中低温余热发电装置每年30套,形成年节能300万吨标准煤;通过地面煤层气开发及抽采空区、废弃矿井利用下瓦斯断油放,瓦斯气年利用量达到10亿立方米,相当于年节约135万吨标准煤	
	电机系统节能工程	"十一五"期间重点推广高效节能电动机、稀土永磁电动机;在煤炭、电力、有色、石化等行业实施高效节能风机、水泵、压缩机系统优化改造,推广变频调速、自动化系统控制技术,使运行效率提高2个百分点,年节电200亿千瓦时	
	能量系统优化工程	在重点能耗行业推行能量系统优化,即通过系统优化设计、技术改造和改善管理,实现能源系统效率达到同行业最高或接近世界先进水平。"十一五"期间重点在冶金、石化、化工等行业组织实施,降低企业综合能耗,提高市场竞争力	

　　"十三五"期间的重点工程与重大行动计划的燃煤工业锅炉节能环保综合提升工程、电机系统能效提升工程、余热暖民工程、能量系统优化工程、节能技术产业化示范工程比较相近。与"十二五"相比，推广的技术更加具有节能经济效益，具有战略先进性，预计形成的节能能力的标准提高，如推进电机系统调节方式改造，支持基于互联网的电机系统能效监测、故障诊断、优化控制平台建设。鼓励采用高效电动机、风机、压缩机、水泵、变压器替代低效设备，推广普及中低品位余热余压利用技术。推广的技术和产品更注重与信息等其他学科交叉融合，更注重整个工艺过程的全过程节能。"十三五"的重点工程是"十一五"及"十二五"相关节能重点工程的深化。

　　因此，重大行动计划在制定具体内容时应在"十二五"规划内容基础上进行深化，并且要与"十三五"制定的相关规划保持一致性。

5.5　政　策　需　求

1. 制定和完善自主创新经济激励政策，加大重点节能技术的研发投入

　　出台系列政策支持中小企业进行节能关键技术研发，鼓励给予节能企业财政补贴，增加政府节能研发和技改项目的投资预算，通过预算投资、补贴、贴息等方式，着力加大节能社会资金的投入；出台税收优惠政策。

2. 定期发布相关淘汰和重点推广的节能技术、设备和产品目录

　　持续实施中国工业能效提升计划，定期发布《高耗能落后机电设备（产品）淘汰目录》（第五批-第九批），淘汰落后电机、落后锅炉，同时制定其他工业、交通、建筑等领域落后高耗能产品和装备淘汰和限制目录。在重点用能企业推广余热余压利用、烧结烟气回收、低浓度瓦斯发电、能耗管控系统和监测等先进适用技术，定期发布节能技术、低碳技术推广目录，引导企业使用适用节能技术。继续实施国家节能产品惠民政策及能效领跑者计划，定期公布能源利用效率最高的空调、冰箱、风机、水泵、空压机等量大面广终端用能产品目录，推动高效节能产品市场消费；修订能效标识管理办法，扩大能效标识的产品类别，整合节能和低碳产品认证制度，强化能效标识和节能产品认证制度实施力度，引导消费者购买高效节能产品。

3. 国家、地方制定相关节能技术和装备发展规划，完善节能标准体系

国家和地方制定系统可行的节能技术和装备发展规划，明确重点节能技术、装备、产品的发展方向；完善节能标准体系，完善重点用能产品能效标准和重点行业能耗限额标准，促进节能技术和产品升级优化。完善知识产权和专利保护制度，制定关键节能技术和产品推广政策，推进产业技术创新。建立节能新技术推广机制、技术验证评估机制，促进技术产业化。

第6章 重大行动计划——绿色低碳技术综合创新示范工程

6.1 现 状 分 析

6.1.1 战略地位

绿色低碳发展逐渐成为全球经济发展的方向和潮流，成为产业和科技竞争的关键领域，世界各国都在加快制定绿色低碳发展战略和政策。

从国内看，改革开放以来，中国经济社会发展取得了举世瞩目的成就，但由于经济发展方式粗放，能源消费结构不合理，单位国内生产总值能耗水平偏高，资源环境瓶颈制约不断加剧。当前，中国仍处在工业化、城镇化进程中，加快推进绿色低碳发展，已成为中国转变经济发展方式、大力推进生态文明建设的内在要求。京津冀协同发展过程中，伴随着产业转移，同时可开展升级改造，融入绿色低碳理念，打造一种新型的城镇化发展模式。长江经济带依托着长江黄金水道，要实现承东启西、接南济北和通江达海的发展，更需要绿色低碳的大局理念才能在如此辽阔的国土流域面积内统筹协调其"一轴、两翼、三极、多点"的格局，从而使长江经济带的社会与生态文明建设均得到更坚实的支撑。

从国际看，当前应对全球气候变化已成为人类共同使命，我们要结合"一带一路"倡议，积极与沿线国家开展低碳项目合作。深化与欧盟、北美、大洋洲地区的国家省州政府、企业及相关组织的合作，在低碳发展、碳排放权交易机制研究、低碳科学技术等方面开展多渠道、多层次的沟通与项目合作。

因此，目前是促进绿色低碳发展的重要战略机遇期，在此背景下开展绿色低碳技术综合创新示范工程具有很强的战略性。

6.1.2　发展现状

2016 年 20 国集团（简称 G20）杭州峰会期间，中美两国元首共同向联合国秘书长交存了两国气候变化《巴黎协定》批准文书，绿色低碳理念再次将中国经济发展提上了新高度。2017 年 5 月 8～18 日，签署《巴黎协定》的各缔约方代表齐聚德国波恩，继续为落实协定展开实质性谈判，真正进入了有关"时间表和路线图"的技术性谈判阶段。在长达 10 余天的会期中，来自全球的 4000 多名代表主要围绕具体落实《巴黎协定》展开磋商，并为 2017 年 11 月在波恩举行的《联合国气候变化框架公约》第 23 次缔约方大会做准备，全球气候治理正在迈入一个全新的"3.0 时代"。中国代表团在会上向外界表明应对气候变化的立场和主张，在关键和重大议题上引领谈判进程，提出了中国方案，并称将继续采取行动应对气候变化，百分之百承担自己的义务。在全球大环境下，中国于 2017 年正式启动国内碳排放权交易市场，当前国内的绿色低碳技术和产业均呈现出一些新特点。绿色低碳技术涵盖面较广，且发展迅猛。目前节能环保产业、新能源产业、新能源汽车产业和新一代信息技术产业等综合应用领域发展尤为抢眼，空间区域上发展又快又好的地方则主要集中在珠三角、长三角和京津冀等经济较为发达的省（直辖市）或其市（县、区）。其中，2009 年 8 月，基于"保护性开发资源、生态文明建设、绿色低碳发展"等理念上的共识，雄县人民政府与中国石油化工集团旗下的新星石油有限责任公司签订了《地热开发合作协议》，共同推进雄县地热资源的开发利用。经过近些年的发展，其在京津冀地区初步形成以开发利用地热能为特征的"雄县模式"，后续将有望发展成为以绿色低碳为标志的新"雄安模式"。

低碳技术根据减排机理，可分为零碳技术、减碳技术和储碳技术；根据技术特征，可分为非化石能源类技术，燃料及原材料替代类技术，工艺过程等非二氧化碳减排类技术，碳捕集、利用与封存类技术和碳汇类技术五大类。为加快低碳技术的推广应用，促进 2020 年中国控制温室气体行动目标的实现，中国已于 2014 年和 2015 年陆续发布了《国家重点推广的低碳技术目录（第一批）》（简称"第一批"）和《国家重点推广的低碳技术目录（第二批）》（简称"第二批"），并于 2016 年 3 月开始向社会各界征集第三批的低碳技术目录。"第一批"共 33 项技术，涉及煤炭、电力、钢铁、有色、石油石化、化工、建筑、轻工、纺织、机械、农业、林业 12 个行业；"第二批"共 29 项技术，涉及煤炭、电力、建材、有色金属、石油石化、化工、机械、汽车、轻工、纺织、农业、林业 12 个行业（图 6-1）。其中，二氧化碳的捕集、驱油及封存技术主要应用于燃煤电厂、油田等领域，胜利油田已建成国内首个工业化规模燃煤电厂烟气二氧化碳捕集、驱油与地下封存全流程示范工程。二氧化碳捕集生产小苏打技术还处于产业化初期发展阶段，目前推广比例较低。低碳低盐无氨氮分离提纯稀土化合物新技术及装备已初步形成产业化。

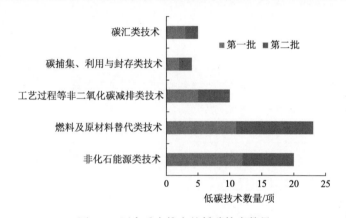

图 6-1　国家重点推广的低碳技术数量

（1）低碳试点省市和节能减排示范城市

国家发改委于 2010 年 7 月 19 日发布《关于开展低碳省区和低碳城市试点工作的通知》，确定广东、辽宁、湖北、陕西、云南五省和天津、重庆、深圳、厦门、杭州、南昌、贵阳、保定八市为中国第一批国家低碳试点。之后国家发改委确定在北京市、上海市、海南省和石家庄市、秦皇岛市、晋城市、呼伦贝尔市、吉林市、大兴安岭地区、苏州市、淮安市、镇江市、宁波市、温州市、池州市、南平市、景德镇市、赣州市、青岛市、济源市、武汉市、广州市、桂林市、广元市、遵义市、昆明市、延安市、金昌市、乌鲁木齐市开展第二批国家低碳省区和低碳城市试点工作。2017 年，第三批国家低碳城市试点也已公布，分别是内蒙古的乌海和辽宁的沈阳、大连、朝阳等。综合目前的三批低碳试点省区和城市，位于中国重要经济地位的京津冀、长三角、珠三角区域的省区和城市见表 6-1。

表 6-1　国家发改委试点示范的重要低碳区域

低碳试点所在区域	试点省（直辖市）和城市
京津冀	北京、天津全市；河北的石家庄、保定、秦皇岛
长三角	上海全市；江苏的南京、苏州、镇江、常州、淮安；浙江的杭州、宁波、温州、嘉兴、金华、衢州；安徽的合肥、池州、宣城
珠三角	广东全省

财政部分别于 2011 年、2013 年和 2015 年公布了三批次的节能减排财政政策综合示范城市，这些示范城市围绕主要污染物减量化、产业低碳化、建筑绿色化、交通清洁化、可再生资源利用规模化、服务业集约化六大方面展开节能减排工作。这些被批复为节能减排财政政策示范城市的具体分布区域见表 6-2。

表 6-2　国家节能减排财政政策综合示范城市

国家节能减排财政政策综合示范城市所在区域	示范城市
京津冀	北京，天津，河北的石家庄、唐山
长三角	浙江的杭州，安徽的铜陵
珠三角	广东的深圳、东莞

（2）国家生态文明建设试点示范区

生态文明建设试点示范区探索了中国经济未来转型、绿色发展的新思路。目前，全国范围内初步形成梯次推进的生态文明建设格局。东部沿海地区生态文明建设已全面展开，自北向南，山东、江苏、浙江、福建、广东已连成一片；中西部生态文明建设也开始有益的探索，广西、云南、湖北出台了文件，贵州的贵阳发布了促进生态文明建设的条例，把生态文明建设法治化；四川、陕西的生态县建设取得良好开局，并在省内发挥了示范作用。在生态文明建设的重点内容上，经济较发达的地区，针对如何提高生态环境质量，加快调整经济结构，转变经济发展方式，改变过度消费模式，在制度建设方面进行探索。一些欠发达地区，针对如何在经济基础尚不够雄厚的条件下实现经济发展方式转变，进行有益探索。截至 2016 年，环境保护部已经开展六批次生态文明建设试点示范区工作。其中位于京津冀、长三角和珠三角区域的试点示范区见表 6-3。

表 6-3　截至 2016 年环境保护部批复的重要生态文明建设试点区域

生态文明建设试点所在区域	试点地区
京津冀	
长三角	江苏：常熟市、昆山市、江阴市、太仓市、无锡市、常州市、苏州市、溧阳市、南京市浦口区、扬州市、镇江市、如东县、如皋市、海门市、句容市、扬中市、丹阳市、镇江市丹徒区、扬州市邗江区、扬州市江都区、宝应县、高邮市、仪征市、南京市溧水区等 浙江：嘉善县、淳安县、杭州市西湖区、宁波市镇海区、温州市洞头区、天台县、长兴县、云和县、遂昌县、泰顺县、舟山市、丽水市、德清县等
珠三角	深圳市罗湖区、珠海市香洲区等

　　国家发改委在环境保护部的推行示范基础上，分别于 2014 年和 2015 年公布了两批次的共 100 家生态文明先行示范区建设名单，其中位于京津冀区域的试点有北京市密云区和延庆区及怀柔区、天津市武清区和静海区、河北省承德市和张家口市、京津冀协同共建地区（北京市平谷区、天津市蓟州区、河北省廊坊市北三县）；长三角区域的试点有上海市闵行区和崇明区及青浦区、江苏省镇江市和淮河流域重点区域及南京市和南通市、浙江省杭州市和宁波市、安徽省宣城市；珠三角区域的试点有广东省梅州市、韶关市、东莞市和深圳市东部湾区（盐田区、大鹏新区），具体见表 6-4。

表 6-4　国家发改委批复的重要生态文明先行示范区

生态文明先行示范区所在区域	试点地区
京津冀	北京市密云区和延庆区及怀柔区、天津市武清区和静海区、河北省承德市和张家口市、京津冀协同共建地区（北京市平谷区、天津市蓟州区、河北省廊坊市北三县）
长三角	上海市闵行区和崇明区及青浦区、江苏省镇江市和淮河流域重点区域及南京市和南通市、浙江省杭州市和宁波市、安徽省宣城市
珠三角	广东省梅州市、韶关市、东莞市和深圳市东部湾区（盐田区、大鹏新区）

　　（3）循环经济示范城市及国家生态工业园

　　2015 年 12 月，国家发改委发布文件确定了 62 地市为循环经济示范城市（县），进行绿色分布式新能源推广，生态城镇建设和节能减排试点工作。京津冀区域选中的地方有天津市静海区；长三角区域有江苏省扬州市和丹阳市，浙江省台州市、安吉县和海宁市，以及安徽省繁昌县；珠三角区域有湛江市、广宁县和罗定市。

国家生态工业园入驻企业实行清洁生产模式，集中采用了多项先进的绿色低碳技术，是绿色低碳发展的缩影。目前，通过验收并批准命名的国家生态工业园共 26 家，已获批准尚处于建设中的有 59 家。具体分布在京津冀、长三角和珠三角区域的园区见表 6-5。

表 6-5　部分重要的生态工业园

生态工业园所在区域	工业园名称
京津冀	北京经济技术开发区、天津经济技术开发区、天津滨海高新技术产业开发区华苑科技园、天津港保税区暨空港经济区
长三角	上海：上海市莘庄工业区、上海金桥出口加工区、上海漕河泾新兴技术开发区、上海化学工业经济技术开发区、上海张江高科技园区、上海闵行经济技术开发区、上海市北高新技术服务业园区、上海市青浦工业园区 江苏：南京经济技术开发区、南京高新技术产业开发区、南京江宁经济技术开发区、苏州工业园区、苏州高新技术产业开发区、昆山经济技术开发区、昆山高新技术产业开发区、常熟经济技术开发区、吴江经济技术开发区、扬州经济技术开发区、无锡新区国家生态工业示范园区、常州国家高新技术产业开发区、江苏武进经济开发区、江苏省武进高新技术产业开发区、盐城经济技术开发区 浙江：萧山经济技术开发区、宁波经济技术开发区、温州经济技术开发区、宁波国家高新技术产业开发区、杭州经济技术开发区、浙江杭州湾上虞工业园区 安徽：合肥经济技术开发区
珠三角	广州开发区、广州南沙经济技术开发区、南海国家生态工业建设示范园区暨华南环保科技产业园、广东东莞生态产业园区

（4）碳捕集富碳农业及新能源基地

碳捕集富碳农业：发电厂、钢铁厂等工厂企业所产生的二氧化碳在排放到大气前，先收集起来，然后再另作处理和处置，进而实现商业利益并获得经济回馈。由中国最大的煤炭企业神华集团（2017 年 8 月 28 日，经报国务院批准，中国国电集团公司与神华集团有限责任公司合并重组为国家能源投资集团有限责任公司）实施的 10 万吨/年二氧化碳捕集和储存（carbon capture and storage，CCS）技术示范项目，是中国首个二氧化碳封存至地下咸水层的全流程示范工程，作为中国百万吨级煤直接液化示范项目的环保配套工程，其建成投产一年多来，已累计封存二氧化碳 4 万多吨，取得了 CCS 技术领域的突破性进展。胜利油田采用碳捕集和储存技术建成了国内首个工业化规模燃煤电厂烟气二氧化碳捕集、驱油与地下封存的全流程示范工程。延长石油集团设计建设了全球首个碳捕集"一条龙"CCS 项目——延长碳捕集和储存一体化项目。这是亚洲第一个碳捕集和储存商业项目，并于 2018 年开始投入运营，每年将从中国煤炭中心陕西省的一家煤制天然气工厂捕集 41 万吨二氧化碳。工业碳捕集系统的成功实施验证了碳捕集环节的有效性和低成本，系列化、商品化的二氧化碳也将有助于打造效益可观的"富碳农业"产业链。富碳农业是一种全新的农业理念和模式，即"将工业生产的、巨量的、大自然已不能自然消纳的二氧化碳用于工农业生产"。探索和实践"富碳农业"的发展方式，实现低碳工业和富碳农业的互补发展，对于系统解决中国经济、社会与环境发展面临的若干综合性问题具有重要意义。而绿色农业则是以生产并加工销售绿色食品为轴心的农业生产经营方式，它不是传统农业的回归，也不是对生态农业、有机农业、自然农业等各种类型农业的否定。中国农业科学院从 20 世纪 70 年代便开始了"植物工厂"的相关研究和实践，论证通过计算机对作物生育过程中的温度、湿度、光照、二氧化碳浓度及营养液等环境要素进行自动控制，实现不受或很少受自然条件制约的省力型生产方式。"植物工厂"模式的推广和普及已在国外和国内全面展开。碳排放大省——山西在"富碳农业"促进可再生能源的利用上，开展利用能源微藻转化二氧化碳生产清洁燃油，开展工厂化微藻养殖、高效吸收二氧化碳和生产清洁燃油的关键技术工艺和配套装备研发，年产 170 万吨微藻燃油及副产品，年产值达 180 亿元，形成具有市场竞争力的新型微藻燃油产品和产业。

新能源基地和新能源微电网：在区域政策和资源影响下，中国新能源产业集聚特征显现，初步形成了以环渤海、长三角、西南、西北等为核心的新能源产业集聚区。其中长三角区域是中国新能源产业发展的高地，聚集了全国约 1/3 的新能源产能；环渤海区域是中国新能源产业重要的研发和装备制造基地；西北地区是中国重要的新能源项目建设基地；西南地区是中国重要的硅材料基地和核电装备制造基地。区域分工方面，长三角、环渤海区域主要承担着新能源产业研发、高端制造功能；中部地区承担着核心材料研发制造功能；西部地区有丰富的自然资源，是新能源发电项目承载地。新能源发电项目通过电网，再输入华北、华中、华南等地区。整体上，新能源已形成了东、中、西部协调发展的局面。太阳能光伏产业形成了以长三角为制造基地、中西部为原材料供应基地的产业分布格局。长三角区域是国内最早的光伏产业基地，随着产业链延伸，江西新余、河南洛阳和四川乐山等地成为国内硅片制造和原料多晶硅基地。风电产业方面，环渤海区域是国内外知名风电装备制造企业的聚集地，长三角区域也培育了一批风电装备制造企业，而西北地区是风电场建设的集中区。核电产业方面，核电站主要分布在沿海，装备制造主要分布在西南和东北地区。截至 2014 年 9 月，中国已经有 8 座核电站投入运营，而主要核电常规岛、核岛供应商及其制造基地则主要分布在四川、黑龙江。2017 年，国家发改委和能源局联合推进完成了 28 个新能源微电网示范工程建设，主要集中在偏远的西部地区、东南部岛屿和内陆产业园区。新能源微电网试点过程中设计了两种模式，一种是联网型新能源微电网，一种是独立型新能源微电网。其中，北京延庆新能源微电网示范项目、北京市海淀北部新区新能源微电网示范项目、崇礼奥运专区新能源微电网和面向低碳城市的崇礼群微电网示范项目等均属于联网型；舟山摘箬山岛新能源微电网项目、福鼎台山岛风光柴储一体化项目和珠海万山岛智能微电网示范项目属于独立型。

（5）智慧城市及智能交通系统方面

智慧城市：目前，国内智慧城市建设广泛开展并呈现集群效应，各地大力推动智慧城市建设，截至 2018 年，全国已有 300 余个不同规模的城市明确将建设智慧城市作为城市发展的重要战略，长三角、珠三角、京津冀等主要城市群在加强区域经济一体化的同时，更加关注智慧城市建设领域的有机协同与合作互动，智慧城市在展示城市地理空间、提供地位参考、辅助空间分析和支撑业务重构等方面应用日益广泛，"万物互联"已逐渐成为可能，云服务进入快速部署，居住在智慧城市里的市民生活越来越美好。其中，上海市于 2016 年制定了《上海市推进智慧城市建设"十三五"规划》，其智慧城市建设逐步进入融合发展的高级阶段，基本实现民生服务信息化应用全覆盖，惠民效果显现。天津市编制的《天津市智慧城市建设"十三五"规划》将全面实施"互联网+"行动，加快推进城市管理智能化、惠民服务便捷化、产业体系高端化、网络安全长效化，提高信息化应用水平，助力天津抢占新一轮城市竞争制高点，打造城市升级版。北京市通过落实

《北京市"十二五"时期城市信息化及重大信息基础设施建设规划》，推动建设了一批"智慧北京"体验中心、示范社区（村）、示范企业和示范园区。广州市为推动由信息城市建设迈向智慧城市建设的计划，制定了一系列有关的智慧城市建设规划发展方案，分别在智慧贸易体系、物流体系、政府体系、产业体系、能源应用体系和智慧交通体系六个方面进行了具体的实施。

智能交通系统：中国的智能交通系统发展迅速，在北京、上海、广州等大城市已经建设了先进的智能交通系统。其中，北京建立了道路交通控制、公共交通指挥与调度、高速公路管理和紧急事件管理的四大智能交通系统；广州建立了交通信息共用主平台、物流信息平台和静态交通管理系统三大智能交通系统。随着智能交通系统技术的发展，智能交通系统将在交通运输行业得到越来越广泛的运用。

智能交通系统的安防新技术不断涌现和应用，新技术的出现对于高速公路领域有着较强的针对性，如 3G 无线传输是针对高速公路恶劣的气候、地理环境所采用的独特方式。高速公路移动无线监控，一般应用在高速公路的某一段内。巡逻车可以实时将巡逻时的视频情况传回高速公路管理中心，加强了智能交通系统管理的实时性。此外，其他新技术的应用更大程度上也都为系统管理的高效提供了进一步的支持。

（6）新型城镇化试点区及低碳社区

新型城镇化试点区：根据《国家新型城镇化规划（2014-2020 年）》的布置和要求，中国分两批次在 137 个改革意愿强、发展潜力大、具体措施实的中小城市、县、建制镇及符合条件的开发区和国家级新区进行了综合试点，特别是根据京津冀协调发展要求在京津冀区域，以及在长江经济带地区（如长三角城市群）若干个条件具备的开发区进行了城市功能区转型试点。截至 2018 年，新型城镇化建设综合试点在京津冀、长三角和珠三角区域均有涉及，其中京津冀区域主要有北京市的通州区、房山区、大兴区，天津市的蓟州区、东丽区和中北镇，河北省的石家庄市、定州市、白沟镇、张北县和威县；长三角区域主要有江苏省，安徽省，上海市的金山区、松江区、浦东新区（临港地区）和浙江省的宁波市、嘉兴市、台州和德清县；珠三角区域主要有广东省的东莞市、惠州市，深圳市光明新区，佛山市南海区及狮山镇，茂名市等。

低碳社区：根据国务院印发的《"十二五"控制温室气体排放工作方案》要求，政府"十二五"期间在若干座地级以上城市开展了低碳社区试点工作。到"十二五"末，全国开展的低碳社区试点已达到 1000 个左右，择优建设了一批国家级低碳示范社区。通过构建气候友好的自然环境、房屋建筑、基础设施、生活方式和管理模式，降低能源资源消耗，在有条件的城乡地区，尤其是一些新规划的城镇，逐渐打造了一批低碳排放的社区。通过开展低碳社区试点，低碳理念已融入社区规划、建设、管理和居民生活之中，探索到了一条有效控制城乡社区碳排放水平的途径，对于实现中国控制温室气体排放行动目标，推进生态文明和"美丽中国"建设意义重大。当前中国正处于快速城镇化阶段，新型的城镇化发展模式对碳排放具有锁定效应，城乡社区的发展方向，对中国城镇化模式和温室气体排放水平有重要影响。开展低碳社区试点，是走集约、智能、绿色、低碳城镇化道路的具体探索，对中国加快实现低碳发展也具有重要意义。之后，《"十三五"控制温室气体排放工作方案》进入了实施阶段。

（7）绿色采购与绿色消费

国务院已出台了《关于环境标志产品政府采购实施的意见》及"绿色采购清单"，目前中国"绿色采购"政策的实施已经取得较好的效果。据不完全统计，2007 年，政府采购节能环保两类产品总额达 164 亿元，占同类产品采购的 84.5%，发挥了政府机构在节能节水、保护环境方面的表率作用。2014 年中国政府的"绿色采购"比例在财政支出中占到 30%以上。而2015 年政府采购金额达到 5000 亿元，其中约有 1500 亿元为"绿色采购"，但与很多国外政府的财政支出中 50%～60%，甚至超过 70%的绿色采购占比相比，中国仍有较大的提升空间。

2016 年，商务部印发了《关于促进绿色消费的指导意见》，引导消费者自觉践行绿色消费，打造绿色消费主体。绿色消费观念也逐渐深入人们的内心，节能、环保、低碳的衣食住行消费行为成为生活习惯和常态，需求和购买绿色产品的理性消费逐渐成为主流，节约资源和注重物质回收利用也融入了居民日常生活的方方面面中。

（8）绿色智能工厂

为推动工业企业走节约发展、清洁发展之路，加快工业发展方式转变，

2010 年起，工业和信息化部、财政部和科学技术部在工业领域组织开展了资源节约型、环境友好型企业（简称"两型"企业）创建工作。根据《关于组织开展资源节约型和环境友好型企业创建工作的通知》，此项工作已开展两次，在钢铁、有色、化工、建材等重点行业选择 117 家企业进行了试点。

截至 2018 年，《智能制造发展规划（2016-2020 年）》在一些集中度较高的工业领域，尤其是在原材料、装备制造和消费品行业，推进了智能制造融合绿色制造的初步发展。为进一步促进绿色制造体系建设，促进工业绿色发展，工业和信息化部电子工业标准化研究院、中国标准化研究院等单位又共同研制了《绿色工厂评价通则》，奠定了绿色智能工厂步入快车道的基础。同时，在绿色生产要求和绿色产品需求的市场驱动召唤下，国内一些行业结合《工业绿色发展规划（2016-2020 年）》提出的"到 2020 年，创建百家绿色设计示范企业"目标任务，逐步开展了工业产品生态（绿色）设计试点与示范工作，有关企业也正在积极参与此项工作的创建活动。

（9）区域污染联防联控及治理工程

2011 年 12 月，《国家环境保护"十二五"规划》印发后，大气、水、土壤等环境污染防治工作在重点区域开始进行。当前，中国环境污染的特征之一是呈现明显的区域化，污染区域受外源性大气污染物的影响因当地地形形成的输入通道不同而受到外来污染的程度有所不同，不同地区产业结构的差异也造成本地源污染物的成分变化多样，源解析和源清单编制工作烦琐，且耗资较大，如北京的雾霾污染受外来输入影响通常较其他城市要大，流域水环境污染则更是受到河流、湖泊所流经区域（如长江流域、淮河流域、太湖流域）的企业取水与排污影响等，这样均给全面综合治理带来一定的难度。

2013 年 9 月，《大气污染防治行动计划》实施后，环渤海包括京津冀、长三角、珠三角等区域联防联控机制和治理工程着手建立。从 2013 年启动"大气污染防治行动计划"开始，2016 年北京 $PM_{2.5}$ 平均浓度是 73 微克/立方米，比 2015 年下降 9.9%，优良天数比例比 2015 年上升 3.1 个百分点。京津冀、长三角、珠三角三个重点地区与 2013 年比，改善的幅度在 30% 左右，其中"京津冀灰霾治理工程"对改善本地区域的大气环境起到了重要的作用。全国层面上，74 个重点城市 $PM_{2.5}$ 浓度，与 2013 年相比改善幅度均在 30% 左右。

2015 年 4 月,《水污染防治行动计划》颁布实施,开始在"长江、黄河、珠江、松花江、淮河、海河、辽河"七大重点流域进行工程立项治理,目前,京津冀区域丧失使用功能(劣于 V 类)的水体断面比例逐年下降,长三角、珠三角区域逐渐消除了丧失使用功能的水体,黑臭水体治理工程取得了初步成效。

2016 年 5 月,国务院印发了《土壤污染防治行动计划》。京津冀、长三角、珠三角区域正在先行制定土壤污染治理与修复规划,并建立"项目库工程";然后在江西、湖北、湖南、广东、广西、四川、贵州、云南等省(自治区)污染耕地集中区域优先组织和开展治理修复项目工程。

6.1.3 国际比较

(1)政策领域

2007 年 7 月,美国参议院提出《低碳经济法案》,选择以开发新能源、发展低碳经济为应对金融危机、重新振兴美国经济的战略取向。2009 年 1 月,奥巴马宣布了"美国复兴和再投资计划",以发展新能源作为投资重点,2 月正式出台了《美国复苏与再投资法案》,投资总额达 7870 亿美元,主要用于发展高效电池、智能电网、碳储存和碳捕集、可再生能源等。2009 年 6 月,完成了《美国清洁能源安全法案》,用立法的方式提出了建立美国温室气体排放权(碳排放权)限额-交易体系的基本设计。

日本资源相对匮乏,非常重视发展低碳经济,2006 年 5 月底制定了《新国度能源战略》,2009 年 4 月,发布了《绿色经济与社会变革》的政策草案,大力推进低碳经济开展,2010 年 1 月推出了"低碳型创造就业产业补助金"制度,推动低碳产业的发展和扩大低碳产业的就业机会,并于 8 月提高了补助金额,达到每年 1000 亿日元。2016 年 3 月,经济产业省发布了《能源革新战略》。

(2)低碳城市建设

目前低碳城市建设在全球范围内广泛展开。伦敦、东京、纽约等世界级城市先后提出低碳城市建设目标并制定相关规划或行动计划。现阶段国际上进行低碳城市建设可资借鉴的案例城市主要为"世界大城市气候领导联盟"(Large Cities Climate Leadership Group)成员,这些城市已进入低碳城市建设目标的实施阶段，包括伦敦、纽约、哥本哈根、东京、多伦多、波特兰、阿姆斯特丹、奥斯汀、芝加哥、斯德哥尔摩、西雅图等（表 6-6）。值得注意的是，外国案例城市大都在其提出建设低碳城市的目标之前就进入后工业社会，在能源更新和环境保护等方面早已走在世界的前列，故在建设低碳城市上具备先天优势。

表 6-6　国外低碳城市建设典型案例情况

城市	相关规划或行动计划	实践策略与概况
伦敦	伦敦能源策略；市长应对气候变化的行动计划	能源更新与低碳技术应用，发展热电冷联供系统，用小型可再生能源装置代替部分由国家电网供应的电力，改善现有和新建建筑的能源效益，引进碳价格制度，向进入市中心的车辆征收费用，提高全民的低碳意识
纽约	纽约规划 2030 气候变化专项规划	针对政府、工商业、家庭、新建建筑及电器用品五大领域制定节能政策，增加清洁能源的供应，构建更严格的标准推进建筑节能，推行快速公交系统，试行交通巅峰时段进入曼哈顿区车辆收费计划
哥本哈根	哥本哈根气候计划	大力推行风能和生物质能发电，建立世界第二大近海风能发电工程，推行高税的能源使用政策，制定标准推广节能建筑，推广电动车和氢能汽车，鼓励居民自行车出行，目前 36% 的居民骑车前往工作地点，倡导垃圾回收利用，仅有 3% 的废物进入废物填埋场
东京	东京 CO_2 减排计划；气候变化策略	着重调整一次能源结构，以商业碳减排和家庭碳减排为重点，提高新建建筑节能标准，引入能效标签制度提高家电产品的节能效率，推广低能耗汽车使用，高效进行水资源管理，防止水资源流失
波特兰	气候行动计划	从建筑与能源、土地利用和可移动性、消费与固体废物、城市森林、食品与农业、社区管理等方面设定不同的目标和行动计划，将节能减排作为一项法律推行，在市区建设供步行和自行车行驶的绿道，优化交通信号系统以降低汽车能耗，运用 LED 交通信号灯
多伦多	气候变化：清洁空气和可持续能源行动计划	设立专项基金建设太阳能发电站等基础设施项目，用深层湖水降低建筑室内温度取代传统空调制冷，LED 照明系统取代传统灯泡和霓虹光管，着力发展垃圾填埋气发电
弗莱堡	气候保护理念	发展策略集中在能源和交通上，推行城市建筑太阳能发电且并入电网，进行城市有轨电车和自行车专用道建设，其弗班区和里瑟菲尔德新区被视为低碳城市建设的样本，通过示范区的形式推进低碳城市建设
阿姆斯特丹	阿姆斯特丹气候变化行动计划	政府出资进行城市基础设施的低碳化改造，在泽伊达斯（Zuidas）区抽取深层湖水降低建筑室内空气温度取代传统空调制冷，鼓励使用环保交通工具，目前 37% 的市民骑车出行

城市	相关规划或行动计划	实践策略与概况
奥斯汀	奥斯汀气候保护计划	以商业和居住为重点推进可持续能源计划促进能源更新，规划到 2020 年全市 30% 的能源供给来自可再生能源，引入绿色建筑行业标准，如"能源与环境设计认证"（Leadership in Energy and Environmental Design，LEED），以推行绿色建筑计划
芝加哥	气候行动计划	推行风力发电改善能源结构，推广氢能汽车，建立氢气燃料站，在全市范围内进行生态屋顶建设，利用城市屋顶储存雨水和存储太阳能，用 LED 交通信号灯取代传统交通信号灯
斯德哥尔摩	斯德哥尔摩气候计划；斯德哥尔摩关于气候和能源行动计划	大力推行城市机动车使用生物质能，城市车辆全部使用清洁能源，向进入市中心交通拥堵区的车辆征收费用，制定绿色建筑标准促进建筑节能，建设自行车专用道鼓励自行车出行，其哈默比湖城已成为低碳生态城市建设的样本
西雅图	西雅图气候行动计划	推广电动汽车使用，推广快速公交系统，建立更完善的公共交通系统，建设自行车专用道，建立紧凑的社区为步行提供可能性，规定所有新建的建筑面积大于 5000 平方英尺（1 平方英尺约为 0.0929 平方米）的建筑必须符合绿色建筑行业标准 LEED 并设定相应奖励制度

（3）低碳社区建设

英国伦敦贝丁顿零碳社区。"一个地球生活"计划中的英国贝丁顿社区，是首个由世界自然基金会和英国生态区域发展集团倡导建设的"零能耗"社区，有人类"未来之家"之称，又被称为"贝丁顿能源发展"计划。社区有 82 套联体式住宅和 1600 平方米的工作场地，曾获得英国皇家建筑师协会可持续建设最佳范例奖，并被英国皇家建筑师协会选择作为 2000 年伦敦"可居的城市"展览中可持续开发的范例。该社区采用一种零耗能开发系统，综合运用多种环境策略，减少能源、水和小汽车的使用（表 6-7）。

表 6-7 英国伦敦贝丁顿零碳社区建设经验

社区建设	具体做法
建造节能建筑	①为了减少建筑能耗，建筑物的楼顶、外墙和楼板都采用 300 毫米厚的超级绝热外层，窗户选用内充氩气的三层玻璃窗；窗框采用木材以减少热传导 ②每一居民户朝南的玻璃阳光房是其重要的温度调节器：冬天，阳光房吸收了大量的太阳热量来提高室内温度，而夏天将阳光房打开变成敞开式阳台，利于散热 ③采用了自然通风系统来最小化通风能耗；经特殊设计的"风帽"可随风向的改变而转动，以利用风压给建筑内部提供新鲜空气和排出室内的污浊空气，而"风帽"中的热交换模块则利用废气中的热量来预热室外寒冷的新鲜空气。根据实验，最多有 70%的通风热损失可以在此热交换过程中挽回

续表

社区建设	具体做法
利用新能源和可再生能源	①综合热电厂采用热电联产系统为社区居民提供生活用电和热水，由一台 130 千瓦的高效燃木锅炉进行运作。当地的废木料为主要燃料，既是一种可再生资源，又减小了城市垃圾填埋的压力 ②使用节水设备和利用雨水、中水，减少居民三分之一的自来水消耗。停车场采用多孔渗水材料，减少地表水流失；社区废水经小规模污水处理系统就地处理，将废水处理成可循环利用的中水
采用环保材料	在建造材料的取得上，制定了"当地获取"的政策，以减少交通运输，并选用环保建筑材料，甚至使用了大量回收或是再生的建筑材料
优化社区结构	三分之一的房子用于社会公共设施；三分之一用于出租，所得收入归中间人——慈善机构或民间团体所有；另外的三分之一则以传统的售房方式上市销售。这样的分配使用方式搭建了住宅小区与外界的桥梁，促进了小区居民与当地团体的交流
倡导绿色交通	①减少居民出行需要 ②社区建有良好的公共交通网络，包括两个通往伦敦的火车站台和社区内部的两条公交线路。开发商还建造了宽敞的自行车库和自行车道。遵循"步行者优先"的政策，人行道上有良好的照明设备，四处都设有婴儿车、轮椅通行的特殊通道。社区为电动车辆设置免费的充电站。其电力来源于所有家庭装配的太阳能光电板（将太阳能转换为电力），总面积为 777 平方米的太阳能光电板，峰值电量高达 109 千瓦时，可供 40 辆电动车使用 ③提倡合用或租赁汽车：为满足远途出行需要，社区鼓励居民合乘一辆私家车上班，改变一人一车的浪费现象。当地政府也在公路上划出专门的特快车道，专供载有两人以上的小汽车行驶。同时，社区内设有汽车租赁俱乐部，目的是降低社区的私家车拥有量，让居民习惯在短途出行时使用电动车

　　德国弗莱堡及沃邦社区。德国弗莱堡市被誉为"绿色之都"和"太阳能之城"，是全球率先实现可持续发展理念的城市之一，被世界各地许多城市和社区视为楷模。沃邦是弗莱堡市一个富有吸引力、适宜于小家庭居住的社区。区内的房屋多集体建造，并以低耗能、能源自给和利用太阳能等作为建房准则，被誉为德国可持续社区的标杆（表 6-8）。

表 6-8　德国弗莱堡及沃邦社区建设经验

社区建设	具体做法
以太阳为经济要素，发展太阳能专业和应用中心	①市政府采取自立项目、拨款资助和规划用地等形式，积极扶持太阳能利用的发展。并从地区能源供应公司做起，推动可再生能源的开发利用 ②设立太阳能系统研究所、国际太阳能学会（International Solar Energy Society, ISES）及相关企业（如太阳能电池厂、太阳能市场股份公司、太阳能电流股份公司）、供货商和服务部门等，形成弗莱堡太阳能经济和太阳能研究网络的重要组成部分

社区建设	具体做法
先进的垃圾处理构思	①城市近80%的用纸为废纸回收加工纸 ②采取各种物质刺激手段控制垃圾量，包括对使用环保尿不湿提供补贴，对集体合用垃圾回收桶的住户降低他们的垃圾处理费用，对居民自做垃圾堆肥进行补助等 ③建立具有很高环保标准的垃圾处理站，垃圾焚烧过程产生的余热，可保证25 000户人家的供暖。城市百分之一的用电也来自于利用垃圾发酵产生的能量
有远见的学习型规划和市民参与	"学习型规划"奠定了沃邦社区成功发展的基础，它结合民众参与和共同治理的精神，让社区规划能够有最大的弹性，同时也让市民能够进入决策过程。由"沃邦论坛"所策动的广泛民众积极参与的各项活动，推动了"沃邦可持续模式"计划，以合作参与方式、可持续社区理念来实践可持续发展理念
减少交通	社区内限制私人汽车的使用，大部分住户放弃购买私人汽车，私人汽车统一存放在区内的两个公用车库。建设连接市中心的有轨电车，改造自行车道，使更多的居民放弃使用私人汽车而改乘公交车或使用自行车

6.1.4　存在的主要问题

（1）区域建设的系统性与综合性较差

没有系统参与对接绿色低碳试点示范项目，绿色低碳技术综合应用深度不够，以互联网为纽带的新能源供给站、新能源汽车与智慧交通系统、低碳社区、碳捕集和富碳农业、绿色智能工厂等综合应用设施建设不足，绿色低碳技术、新一代信息技术与城镇化建设、生产生活的融合创新重视不够，相关技术综合应用示范区域有待发展。

（2）低碳试点示范区域建设薄弱

国外低碳城市实践要点主要集中在能源、建筑、交通三大领域，且注重综合型低碳城市建设并大都根据其自身资源禀赋及其社会发展和城市化阶段制定了较为有效的低碳发展模式和策略；而国内城市虽也强调综合型低碳城市建设，但现阶段仍停留在宏观的低碳发展策略上，相当数量的案例城市在发展模式上属于新区示范型和产业主导型。在低碳城市建设保障方面，国外案例通过立法和引入专门标准、设立专项基金等手段来实现，而国内案例大都处于初步探索阶段因而较为缺乏。强调土地混合使用、较高密度、步行交通友好的紧凑城市理念已成为国内外公认的低碳城市理想的空间形态，且这种形态须由公共交通作为骨架。此外，整合交通规划和土地利用规划，提高城市公共交通节点处土地利用强度也正成为国内外低碳城市建设的共识，国内在这方面的投入还需加强。

（3）绿色低碳技术创新及产业化能力不足

企业的低碳技术创新处于一种放养的状态，对低碳技术创新研发没有较高的效率，导致低碳技术尚不成熟，部分关键技术仍未掌握，同时，已研发的低碳技术产业化能力不足，筛选出的低碳技术，目前大部分的推广比例不足 1%，同时投资额较高也导致企业热情缺乏，影响了技术创新和产业化的能力。

低碳产品认证未采用全生命周期方案，低碳产品认证制度存在多种认证并存。"低碳产品认证"是为了解决过去节能产品"节能不低碳"的问题，比如一级能效空调通常比二级能效空调价格高，有的产品贵在换热器的用铜量上，虽然节省了用电，但由于铜的开采和冶炼过程的碳排放量极大，从全生命周期的角度看，能效高的未必碳排放量低，因此对于低碳产品的认证，应逐步过渡到以全生命周期的方案进行评价。同时，低碳产品认证制度存在多种认证并存的现象，如生态环境部和国家发改委等均有开展低碳产品认证工作，存在重复认证、标准不一等问题。

6.2 行 动 目 标

对接已有的与绿色低碳有关联的试点示范项目，在具备条件的区域，以绿色低碳技术综合应用为核心，建设新能源供给站、新能源汽车与智慧交通系统、低碳社区、碳捕集和富碳农业、绿色智能工厂等综合应用设施，先行先试相关改革措施，促进绿色低碳技术、新一代信息技术与城镇化建设、生产生活的融合创新，广泛开展国际合作，打造相关技术综合应用示范区域。

总体目标：全面提升中国绿色低碳科技实力，促进低碳技术基础研究的深化，推动现有公布的低碳技术的推广应用，降低温室气体排放的负面影响和风险，支撑中国可持续发展战略的实施；完善绿色低碳科技创新的国家管理体系和制度体系，形成基础研究、影响与工程技术研发、可持续转型战略研究相结合的全链条低碳科技发展新模式。

技术目标：加大完善生态系统建设，培育扩大固碳增汇技术应用和大规模低成本碳捕集、利用与封存（carbon capture，utilization and storage，CCUS）技术应用，优化新能源微电网和车联网智慧交通技术体系，提高地热开发和热电冷联供技术的应用程度和深度，增强中国低碳产业的国际竞争力，以低碳、减碳、零碳等技术集成与创新支撑2020年40%～45%碳强度降低目标、2030年60%～65%排放峰值碳强度降低目标的实现（与2005年相较）。

经济目标：到2020年，在保持目前经济增长速率不降低的前提下，控制温室气体排放行动目标全面完成。单位国内生产总值二氧化碳排放比2005年下降40%～45%，非化石能源占一次能源消费的比重在15%左右，推动5个上亿元规模的绿色经济、低碳金融与交易技术创新平台建设，形成近百亿低碳技术成果应用推广。到2020年，在大气污染、黑臭水体重点区域和重点排污企业进行环保产业关键技术试点示范，开展关键技术试点示范30项。

社会效益：扩大科研人员就业，培养、组建一支跨学科、跨领域、跨国界的高水平科研队伍，并稳定支持其开展科学研究，为社会提供近万个就业岗位，带动上百家企业创立和上市；增加森林碳汇规模，森林面积和蓄积量分别比2005年增加4000万公顷和13亿立方米，改善当地人民生活环境。到2020年，在京津冀、长三角等区域初步建设3～6个绿色低碳示范城市，在雄安新区建成一座绿色低碳城镇。到2020年，以企业为基础，建立绿色低碳工业园区20个；建立绿色智能工厂试点示范30个。

6.3　主　要　内　容

6.3.1　京津冀区域绿色低碳综合应用示范

结合京津冀协同发展规划，衔接国家发改委、生态环境部已有类似试点，在冀中平原区生态资源可持续性较好的地方建设若干以节水、节地、节能为重点的新型绿色低碳城镇。进一步深化河北地区的建设新型城镇化与城乡统筹示范区的指导思想，在规划设计、建筑材料选择、冷热电暖供给系统、照明、交通、建筑施工等方面，实现绿色低碳化。推广绿色建筑，加快推进绿色建筑节能整装配套技术、室内外环境健康保障技术、绿色建造和施工关键技术，以及绿色建材成套应用技术综合应用示范工程；在北京、天津、石家庄等城市基础设施条件好的地方加快推行绿色出行，建设新能源供给站、新能源汽车与智慧交通系统工程，规范共享单车管理，完善城市道路微循环慢行系统，作为绿色低碳交通的有效补充；建立高效节能、可再生能源利用最大化的区域能源保障系统平台，利用地热、浅层地温能、工业余热为供暖供冷供热水服务；探索并开展土地节约利用、水资源和本地资源综合利用集成技术，建立与"生产空间集约高效、生活空间宜居适度、生态空间山清水秀"的区域功能定位相协调的绿色生态国土空间。根据当地土壤和地下水资源禀赋情况，以及前期开发过程中积累的经验与成果，在雄安新区推广雄县地热利用模式，建设具有当地特色的低碳城市。

立足于城市生态文明建设，实施一批大型水、大气环境综合整治示范工程，形成规模化的水治理和大气治理产业。以京津冀区域重要水源地保护及供水安全保障为方向，打造一批水源水质风险防范、监控预警与安全供水全过程保障的民生产业，为京津冀饮用水安全长效保障机制夯实产业基础，解决京津冀一体化面临的重大水环境水安全问题，逐渐形成一批初具规模的大中型企业。以 2020 年冬奥会水生态与水安全保障重大需求为目标，实施一批水源地涵养、河流生态修复与水安全保障平台建设创新工程，初步形成产业化公司运作，为冬奥会高水平举办提供强有力的支撑。以水资源与水环境一体化管理为抓手，创新京津冀跨区域水环境水资源一体化管理制度，以试验区先行先试的方式，在条件具备的区域有针对性地开展热泵蒸发污水和干燥污泥的产业一体化项目试点。在京津冀区域大气污染综合治理过程中，结合"煤改气""煤改电"实施工程，进一步加强源头治理与管理制度建设，减少散煤用量，注重采用清洁能源替代，扩大节能炉具、热泵等新型采暖设备和产品替代的产业规模，促进生产生活方式转型升级，不断提升当地居民的低碳环保自觉性，使绿色消费的理念外化于行、内化于心。

发挥京津冀一体化协调发展优势，加强三地官、产、学、研资源整合，为绿色低碳产业示范提供全面支持。依托河北省于 2016 年设立的区域性基金——PPP 京津冀协同发展基金，在大气、水、土壤、生态领域内选取河北区域内纳入省级 PPP 项目库且通过物有所值评价和财政承受能力论证的

PPP 项目,以及京津冀协同发展战略背景下的优质项目进行绿色低碳建设示范。联系北京市可持续发展科技促进中心,通过"首都科技条件平台"将行业上下游的研发成果方、技术需求方和资金提供方联系在一起,充分利用中国科学院研发服务基地、科技金融领域中心和石家庄工作站的资源,针对资金缺乏、治理技术复杂、修复成本高、效益不高的污染土壤修复领域试点绿色低碳创新服务产业模式。

贯彻财政部颁布实施的关于田园综合体建设方针和制度,抓住河北省成为首批建设试点的有利时机,同步组织开展生态低碳农业项目示范工程。通过发展循环农业,利用农业生态环保生产新技术,促进农业资源的节约化、农业生产残余废弃物的减量化和资源化再利用等制度的形成及逐渐完善。对接农业节水工程,集中连片开展高标准农田建设,在实施田园综合体区域内水、电、路、网络等基础设施建设,以及供电、通信、污水垃圾处理、游客集散、公共服务等配套设施建设过程中,有针对性地应用绿色低碳技术。在以自然村落、特色片区为开发单元的基础上,按照农田田园化、产业融合化、城乡一体化的发展路径,打造"田园+农村"式的特色低碳产业模式。

6.3.2 长三角区域绿色低碳综合应用示范

结合本区域城市群发展规划,衔接以往环境治理工程,开展环境治理绿色低碳项目的产业化。落实"水十条"产业化实施,以七大流域治理成效为抓手,深化跨区域水污染联防联治平台和制度建设,组建综合型企业,以改善水质、保护水系为目标,引导政府、企业合作,利用社会资本,实施长江、钱塘江、京杭大运河、太湖、巢湖等水环境综合治理效果追踪工程,引入"河长制"式的长效管理,完善区域水污染防治联动协作和水污染防治倒逼机制,实施跨界河流断面达标保障金制度。整治长江口、杭州湾污染,全面清理非法和设置不合理的入海排污口,入海河流基本消除劣 V 类水体,江苏省沿海地级及以上城市实施总氮、总磷(两项省内重要的特色减排指标)、重金属污染物排放总量控制,搭建不同产业间的排污权交易平台,开展陆源污染和船舶污染防治工程。实施秦淮河、苕溪、滁河等山区小流域,以及苏南、杭嘉湖、里下河、入海河流等平原河网水环境综合整治项目，适当引进社会资本进行运营。

开展大气污染防治产业的试点示范，大规模推进相关改造产业。基于区域能源消费结构优化和煤炭消费减量化硬目标，在上海、江苏、浙江等地的新建项目禁止配套建设自备燃煤电站，积极有序发展清洁能源，大幅新增特高压输电方面相关产业；实行耗煤产业的煤炭减量替代管理制度，除热电联产外，禁止审批新建燃煤发电项目；实施现有工业企业燃煤设施改为天然气、生物质能等清洁能源替代工程。严格执行统一的大气污染物特别排放限制制度，推进煤电超低排放改造产业进一步扩大规模，到 2017 年末，上海、江苏、浙江 10 万千瓦及以上煤电机组全部完成超低排放工程化改造；到 2018 年，安徽省 30 万千瓦及以上煤电机组的超低排放改造工程全部完成。

全面开展土壤污染防治产业化示范。参照长三角区域土壤环境质量标准体系，实现污染土地管控清单化，实行产业化治理。建立一套完整的技术化流程和管理制度，防范搬迁关停工业企业改造过程中出现二次污染和次生突发环境事件，工业企业搬迁关停后开展场地环境风险调查和技术评估，未进行场地环境调查及风险评估程序、未明确治理修复责任主体的，禁止后续的土地出让流转和开发利用，从源头保障土地产业链的健康发展。在农村耕地污染和城市周边、重污染工矿企业、集中污染治理设施周边、重金属污染防治重点区域、集中式饮用水源地周边、废弃物堆存场地的土壤污染治理过程中，针对新落实产业的性质制定治理方案，形成治理—开发—服务运营一条龙式的产业化工程。对水、大气、土壤实行协同污染治理，打造全面的治理融合式产业，以防止新的土壤污染产生。结合产业的规划与管控，严格禁止与环境不和谐的矿产资源开发项目、产业准入，彻底解决矿产资源开发导致的土壤环境二次污染问题，保障产业项目的示范长效性。最终，在全省已有的省级以上园区、沿江 8 市化工园区（集中区）中创建 10 家绿色工业园区。

开展省际和城际的绿色交通、绿色建筑、清洁能源消费综合应用示范。长三角城市群连接起苏浙皖沪三省一市，省际国道、省道、高铁线网交错，城际高速路网日益密集，在长三角构建绿色交通体系示范，设施相对较为齐全，可形成较具代表性的试点典型。结合工业和信息化部与浙江省共推的"基于宽带移动互联网的智能汽车、智慧交通应用示范"，在以宽带移动互联网为依托，推动智能汽车、智慧交通等产品、服务和解决方案的发展与应用过程中，融入新能源汽车技术、路网建设低碳技术，逐步打造全方位的绿色交通体系。根据城市"三区四线"规划管理，推进城市建设绿色化示范，推广绿色建筑和绿色建材，选择经济实力较好的南京、苏州等地开展节能 75%和超低能耗被动式绿色建筑试点示范；结合城市生态用地安排，适度扩大城市生态空间，修复城市河网水系，保护江南水乡特色，示范一批让人们看得到风景、记得住乡愁的当地风情建筑。统筹规划地下、地上空间开发，推广低冲击开发模式的土地产业，选择一批基础较好的沿海、沿江城镇，尤其是那些曾参与过生态环境部、国家发改委生态文明示范建设的试点地方，如扬州、镇江、宁波、舟山等，进一步将其建设成为海绵城市、森林城市和绿色低碳生态城区。改造传统产业，发展绿色能源，因地制宜，在不同区域开展太阳能（山地和丘陵）、风能（沿海和平原）、潮汐能（沿海）等可再生清洁能源利用产业。

打造本地特色的绿色制造模式。以上海市为试点，通过建立绿色制造标准体系和评价体系，制定具有市属产业特点的绿色制造系列标准，从而构建出具有长三角产业特点的绿色制造体系；建设绿色产品、绿色工厂、绿色园区、绿色供应链试点评价平台，在汽车生产行业等实施一批绿色制造系统集成项目和工程。对接上海市新一轮工业节能和合同能源管理项目专项扶持办法，修订完善以往的单一政策、末端改造、设备更新等扶持方式，向综合施策、源头预防、整体优化等扶持方式制度转变，并逐渐搭建起有效的实施平台。

6.3.3 珠三角区域绿色低碳综合应用示范

结合本区域改革发展规划,构建清洁安全的能源产业化保障示范平台。立足珠三角区域的原有能源优势，规模化发展核电产业，延伸核电产业链，推进核电自主化，把广东建成中国重要的核电基地和核电装备基地，在能源保障建设示范上突出本地特点。优化火电布局，在沿海沿江示范建设一批环保型骨干电厂，在珠三角区内负荷中心建设若干支撑型电源项目，统筹推进区域热电冷联供和清洁发电示范工程，并逐步实现产业化和规模化。

通过合理配置广东省内电源和"西电东送"的区外电源，打通珠三角电网和跨区域输电通道，确保电网安全稳定运行，进而构建起全方位的电力电网示范平台。衔接国家重点油气项目战略规划布局，进行油气基础设施建设及液化天然气（liquefied natural gas，LNG）接收站建设，形成区域石油流通枢纽和交易中心，最终完成油气管网一体化平台示范。实施能源储备工程，建设石油储备基地和大型煤炭中转基地，并积极开发新能源和可再生能源，重点建设风力发电场和太阳能利用工程，树立起多渠道开拓能源资源、确保保障平台安全的良好示范。

加大投入，加快落实"珠三角城市群绿色低碳发展深圳宣言"，积极进行环境污染防治、生态环境保护示范工程建设，推动产业化，为国家可持续发展提供具有珠三角区域特色的绿色低碳发展经验。通过建立健全大气复合型污染监测和防治体系，着力解决大气灰霾，尤其是臭氧污染问题，形成臭氧治理示范。结合农业面源污染治理，消除禽畜、水产养殖污染，进而改善耕地质量，建成农业生产安全保障工程。引导工业企业进驻园区，加强固体废物处理处置，有效控制并加强治理持久性有机污染物、重金属等对土壤的污染，建成生态工业园区试点示范展示平台。通过进一步规划和建设城镇污水处理设施和配套管网，完善城镇垃圾处理设施和垃圾收运体系，打造废弃物循环利用示范工程。制定水环境管理制度，加强饮用水源地建设和保护，确保饮用水安全，推进粤港澳合作机制，共同改善珠三角流域水质，建成整体减少水污染量，联手提升污水处理水平的合作型示范工程。到 2020 年，城镇污水处理率达到 90%以上，城镇生活垃圾无害化处理率达到 100%，工业废水排放完全达标。立足本区域临海优势，统筹陆海资源，充分利用价格、财政、金融等经济手段，率先建立政府、企业、公民各负其责、高效运行的海陆产业综合示范基地。

结合广东省"十三五"发展规划，深化低碳发展试点示范，培育一批循环经济工业园区，推进传统制造业绿色改造，推动建立绿色循环发展产业体系。以深圳龙岗国际低碳城和珠海横琴中欧低碳生态城为切入点，深入推进全方位低碳试点示范，建设珠三角区域近零碳排放区示范工程，同时结合绿色城镇化和城市建设"碳规"制度，打造一批具有典型华南热带亚热带风情的低碳城市、县（区）；通过建设一批低碳产业示范园区，选择一批商场、酒店、旅游景区等商业机构开展低碳商业试点，并结合碳普惠制试点，完成一批国家级低碳示范社区的建设。通过在甘蔗制糖、瓷砖建材等工业生产过程实施温室气体控排示范工程，建设一批碳捕集、利用和封存示范项目。建设以节能低碳为特征的城市基础设施，控制交通运输碳排放，实行公共交通优先，结合实施新能源汽车推广计划，打造绿色交通示范区域。通过逐步建设国家级碳排放权交易平台，最终成长为全国碳交易和碳金融示范中心。

建设绿色低碳工业示范园区，提高可再生能源使用比例，实施园区能源梯级利用。推进绿色工业园区建设示范，优化工业用地布局和结构，推动企业集聚化发展，进行产业生态化链接服务平台建设。通过示范余热余压废热资源利用、热电联产、分布式能源及光伏储能一体化系统应用，提高可再生能源使用比例，建成智能化的微电网园区和能源梯级利用型园区。通过加强园区内水资源循环利用，推动供水、污水等基础设施绿色化改造，加强污水利用，实现园区内企业之间废物资源的交换利用，在企业、园区之间建成链接共生、原料互供和资源共享的产业集聚示范典型。通过资源环境统计监测基础能力建设，完成园区绿色低碳信息、低碳技术等公共服务一体化平台示范。

以"十三五"先进制造技术领域科技创新专项规划为契机，组织实施绿色智能工厂试点示范，开展绿色制造和智能制造过程中的低碳化生产。依托工厂的工业互联网系统、控制器系统、信息物理系统（cyber-physical systems，CPS）制造执行系统等的构建和运行过程，实施厂房集约化、原料无害化、生产洁净化、废物资源化、能源低碳化管理，推广制造工艺绿色化、流程工业绿色化及产品绿色化，使企业按照绿色工厂标准建造和管理，并在生产过程中体现制造装备和配套设施的低碳运行。通过使用清洁原料，优先选用先进的清洁生产技术和高效末端治理装备，改造热电联供、热电冷联供等设施，提高工厂一次能源利用率，同时设置余热回收系统，有效利用工艺过程和设备产生的余（废）热，进行绿色工厂内低碳设备和设施运行的节能示范。提高工厂清洁和可再生能源的使用比例，建设厂区光伏电站、储能系统、智能微电网和能管中心，进行智能工厂绿色能源示范。在绿色智能工厂厂区内，推动水、气、固体污染物资源化和无害化利用，降低厂界环境噪声、振动及污染物排放，营造良好的绿色低碳生产环境，为做好综合试点示范奠定基础。

6.4　实　施　途　径

6.4.1　可行性

实施过程中，前期将做好各项政策（如土地优惠、银行无息或低息贷款、工商注册、低碳税费减免等）落实，启动资金按时到位，相关配套设施（包括市政道路、水电、燃气、公建、商业服务等）及时跟进，中期阶段认真执行专家评议与指导，严格开展后期验收工作及监督全程化，因此绿色低碳技术综合创新示范工程的科学性与可行性均能够得到较好的保障。

6.4.2　组织实施与资金主要来源

组织实施绿色低碳技术综合创新示范工程，由国家发改委牵头，科学技术部、工业和信息化部、财政部、生态环境部、住房和城乡建设部、农业农村部等按职责分工负责，见表6-9。

表 6-9　项目实施主要负责部门

序号	主要内容	负责部门
1	绿色低碳产业关键技术试点示范	生态环境部牵头，国家发改委、工业和信息化部、科学技术部参与
2	绿色低碳示范城市	国家发改委牵头，财政部、住房和城乡建设部、财政部、农业农村部参与
3	绿色低碳示范园区	工业和信息化部牵头，国家发改委、住房和城乡建设部参与
4	绿色低碳示范工厂	工业和信息化部牵头，国家发改委参与

注：资金主要部分来源于中央财政，其余部分来源于地方配套、企业自筹和社会资本投入。有条件的地区可跟国外机构或基金组织联合投资，进行新技术应用示范和绿色低碳建设方案落地实施

6.4.3　与已有项目的衔接

国家发改委会同有关部门，组织编制了《国家应对气候变化规划（2014-2020年）》，提出了中国应对气候变化工作的指导思想、目标要求、

政策导向、重点任务及保障措施，将减缓和适应气候变化要求融入经济社会发展各方面和全过程，加快构建中国特色的绿色低碳发展模式。另外，《"十二五"节能环保产业发展规划》《工业绿色发展规划（2016-2020年）》中也提及了相关绿色低碳的内容，该类规划的相关内容见表6-10。

表6-10　前期国家相关项目中的相关内容

规划名称	相关任务和内容	与重大行动计划的联系
国家应对气候变化规划（2014-2020年）	深化低碳省区和城市试点，开展低碳园区、商业和社区试点实施减碳示范工程：低碳产品推广工程，高排放产品节约替代示范工程，工业生产过程温室气体控排示范工程，碳捕集、利用和封存示范工程	重大行动计划可以选择已经开展低碳示范的区域进行相关技术的综合应用示范
"十二五"节能环保产业发展规划	重大环保技术装备及产品产业化示范工程：推动重金属污染防治、污泥处理处置、挥发性有机物治理、畜禽养殖清洁生产等核心技术产业化；重点示范膜生物反应器（MBR）、垃圾焚烧及烟气处理、烟气脱硫脱硝等先进技术装备及能源、农业等行业清洁生产重大技术装备；推广城镇生活污水脱氮除磷深度处理设备、300兆瓦及以上燃煤电厂烟气脱硝技术装备、600兆瓦及以上燃煤电厂烟气脱硫及布袋或电袋复合除尘设备和高效垃圾焚烧炉等重大装备。拥有高性能膜、脱硝催化剂纳米级二氧化钛载体、高效滤料等污染控制材料生产的相关知识产权。到2015年，环保装备产值超过5000亿元，环保材料产值超过1000亿元，环保关键材料基本实现产业化，形成5～10个环保产业集聚区、10～15个环保技术及装备产业化基地	重大行动计划可以结合装备及产品产业化示范工程的示范效果，进一步扩大推广应用的范围和深度，形成规模化示范的效果
工业绿色发展规划（2016-2020年）	绿色清洁生产推进工程方面，在重点区域、重点流域开展清洁生产水平提升行动，开展特征污染物削减计划和绿色基础制造工艺推广行动；在中小企业推行清洁生产计划和工业节水专项行动工业低碳发展工程方面，开展绿色能源推广行动和工业低碳发展试点示范行动，以及控制工业过程温室气体排放计划绿色制造体系创建工程方面，开展绿色产品设计示范和绿色示范工厂，以及绿色示范园区创建，进行绿色供应链示范	重大行动计划可以结合未来工业领域的发展变化，重点突出绿色发展理念在工业中的作用，同时重大行动计划可与该规划形成彼此互动促进的良好效应

6.5 政策需求

绿色低碳发展是一项艰巨而又复杂的系统工程，需要运用科技、政策、法律、经济、文化等多种手段的协调配合。在诸多实施手段中，低碳政策和低碳法治具有十分重要的调控和保障作用。因此，必须充分重视低碳政策制度方面的建设工作，加强低碳政策研究和低碳立法，实现从政府主导型的管理模式向包括政府、企业和社会组织在内的多元化主体合作模式的转变。

（1）从战略、财政金融、能源、科技、消费等层面出发，针对京津冀、长三角、珠三角不同区域的绿色低碳示范内容特点提出和制定各自的法规政策。为促进中国低碳经济发展并切合中国实际的法律制度保障，建议同时在这三个区域加快进行战略立法，增强国家发展低碳经济的主动性；在市场经济较为活跃的珠三角和长三角区域进行财政金融方面相关的立法，着力构建促进低碳经济发展的市场激励机制；在高等院校、研究机构较为集中的京津冀和长三角区域进行科技方面的相关立法，促进低碳科学技术的创新；在京津冀省（直辖市）及周边地区的能源大省进行能源、资源方面相关的立法，促进能源结构的调整和新能源的开发；最后在上述三个区域均进行消费方面有关的立法，形成不同区域的低碳生活模式。

（2）有针对性地选择某些地市，试点完善低碳税收政策和体系。在京津冀区域的雄安新区，制定出台绿色低碳综合运用总体方案细则，可基于排污收费"费改税"，择机开征污染税（或环境税）。为保证环境税的循序渐进，在开征初期，纳税人的范围不应过于广泛，只限定为企业单位比较适宜。提升相关税种的降碳功能，资源税考虑将水、土地、矿藏、森林等资源纳入资源税征收范围，消费税应将居化石燃料首位的煤炭，高档奢侈品的非营运飞机，污染环境的含磷洗涤剂、一次性塑料袋，高档木制家具，电池等高污染、高能耗产品列入征收范围。

（3）"软硬兼施"，发挥"绿色低碳综合应用示范方案"的激励和促进作用。缺乏有效的激励措施，片面强调责任追究和强制措施，使得低碳法律政策这些比较典型的"硬法之治"，没有发挥好引导和促进低碳发展的积极作用。建议顺应和尊重低碳发展自身规律和属性，在低碳立法中"软硬兼施"，制定"绿色低碳综合应用示范总体方案"过程中适当增加软性条款，充分发挥软性条款对低碳发展的激励和促进作用，从而激励低碳发展主体的主观能动性。例如，在各个地区制定"绿色低碳综合应用示范方案"的细则中，可以优先考虑制定针对低碳发展主体的税收优惠、财政补贴，以及利用市场机制作为调整手段的碳税、碳排放权交易等激励性内容，但涉及政府责任、低碳发展监督机制、碳排放许可要件、碳排放标准等方面，则要有相应的国家政策来做出明确的规定。这样，充分运用软性条款和政策激发了各类主体向低碳生产生活方式转变的积极性，真正提高了中国低碳法律政策实施的效果。

第 7 章 重大行动计划——资源循环替代体系示范工程

7.1 现 状 分 析

7.1.1 战略地位

实施资源循环替代体系示范工程，对推动循环经济发展，促进节能减排，加快构建可持续的生产方式，具有重要的战略意义。

（1）有利于节约和替代原生资源

实施资源循环替代体系示范工程，有利于减少原生资源消耗，实现资源可持续利用。中国煤矸石发电机组装机规模已达 2100 万千瓦，年可减少原煤开采 4000 万吨。天然石膏资源虽然丰富，但品质较低且集中在少数几个地区，燃煤电厂排放的脱硫石膏、湿法磷酸中产生的磷石膏如全部得到利用，年可节约天然石膏 1 亿吨。

（2）有利于缓解突出环境问题

实施资源循环替代体系示范工程，是解决固体废弃物污染环境、造成安全隐患的有效途径。固体废弃物，如大宗固体废弃物排放量大、占地多，如果得到合理利用将有效减少由堆存造成对土壤、大气、水质等环境的影响和对人体健康的危害。对于新品种废弃物和低值废弃物的回收利用，则能紧跟当前形势，直面当前的新问题、新要求，提出解决问题的新思路和新对策。

（3）有利于促进循环经济发展

在资源循环替代体系示范工程方面，大力推动大宗固体废弃物综合利用，在电力、煤炭、矿产、冶炼、建筑、农业等多个行业探索形成"资源—产品—废弃物—再生资源"的发展模式，延伸和拓宽生产链条，促进产业间的共生耦合，推动循环经济形成较大规模；大力推动再制造，将能够大大提高资源回收利用效率，提高附加值。

（4）有利于充分发挥"互联网+"在资源循环利用产业中的作用

"互联网+"的废弃物回收利用体系示范，可充分发挥互联网的驱动创新作用，引导废旧资源回收行业向信息化、自动化、智能化方向发展，促进再生资源交易透明化、便利化。互联网企业利用互联网、大数据开展信息采集、数据分析、流向监控，通过二维码等物联网技术跟踪产品及废弃物流向，逐步整合物流资源，梳理回收渠道，优化回收网点布局，使需求方能够快速获得服务匹配，实现上下游企业间的智能化物流，完善废旧资源回收体系，促使再生资源交易市场由线下向线上线下结合转型升级，减少回收环节，降低回收成本，提升竞争力。

7.1.2　技术产业发展现状

（1）资源综合利用整体情况

经过多年发展，中国开发了一批用量大、成本低、经济效益好的综合利用技术与装备，资源循环利用产业的各项产品和技术与国际先进水平的差距不断缩小，技术水平进展显著。在资源综合利用领域，国家科技支撑计划、863 计划共立项 4 项，安排国家拨款经费 1.2 亿元，全面推进了资源综合利用科技创新体系建设，废旧金属、废塑料、废橡胶、矿产资源、产业废物等的综合利用技术均取得重大突破，如 863 计划项目典型尾矿资源清洁高效利用技术及装备研究与示范取得了多项技术突破，全尾矿废石骨料高性能混凝土预制件生产技术和全尾矿废石骨料预拌泵送混凝土生产技术取得关键突破并大范围推广应用，高压立磨等部分大型成套设备制造实现国产化，并达到国际先进水平。

（2）新品种废弃物

太阳能发电技术正得到日益广泛的应用，在政府的大力支持下，近年来，中国已超越欧盟，成为全球太阳能光伏发电装机量增长最快、总量第一的国家。随着光伏产业的蓬勃发展，光伏垃圾的回收管理问题也日益凸显出来。光伏组件包括晶体硅组件和薄膜电池，光伏板的设计寿命一般被定为 25 年，导致光伏组件从大量采用到大量废弃的时间周期较长，中国距离这个周期已不遥远。"十三五"期间，中国光伏组件的废弃量将逐步增加，2020 年后将显著增加。中国科学院电工研究所预测，到 2034 年，光伏组件的累计废弃量将达到近 60 吉瓦；而在电站运行维护状况一般的情况下，累计废弃量将超过 70 吉瓦。但中国目前关于光伏垃圾回收的政策尚处于讨论之中，尚未建立有针对性的回收利用体系。对于电动汽车蓄电池的回收利用逐步展开，2016 年，国家发改委、工业和信息化部、生态环境部、商务部、国家质量监督检验检疫总局五部委发布了《电动汽车动力蓄电池回收利用技术政策（2015 年版）》，但对电动汽车蓄电池的回收利用工作仍处于起步阶段。

（3）低值废弃物

低值废弃物，如废塑料、废玻璃等，近年来的回收利用规模上升不明显，2008～2015 年废塑料的回收利用量的年均增长率为 8% 左右，而废玻璃的回收利用量基本呈现平稳趋势（图 7-1），与塑料、玻璃的使用量形成巨大差距。中国垃圾分类回收的执行情况不太乐观，低值废弃物由于回收价格较低，利润较少，人们对低值废弃物回收兴趣较低，国家也尚未出台相应的激励政策，企业出于逐利考虑，在经营品种和经营方面追求"利大抢干，利小不干"，如废钢铁等废旧物资，争抢回收，资源化利用较为彻底，但废玻璃、废塑料、废软包装类等低值可回收利用废旧资源，则出现无人愿干的现象，低值废弃物回收利用不足。

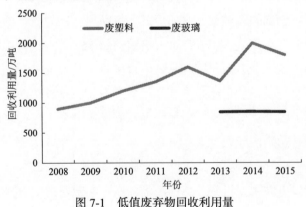

图 7-1 低值废弃物回收利用量

（4）大宗固体废弃物

大宗固体废弃物主要包括尾矿、煤矸石、粉煤灰、冶炼渣、工业副产石膏和赤泥等，近年来综合利用水平不断提升，回收利用率逐步提高。开发了一批用量大、成本低、经济效益好的综合利用技术与装备。例如，高铝粉煤灰提取氧化铝多联产技术、磷石膏生产硫酸联产水泥技术、尾矿生产加气混凝土技术等1000多项技术获得国家发明专利授权；尾矿高强结构材料技术、拜耳法赤泥深度选铁技术等一批重大共性关键技术已在中试、工业试验或实际工程上取得重大突破；一批综合利用先进适用技术得到推广应用，高压立磨等部分大型成套设备制造实现国产化，并达到国际先进水平。

由图 7-2 可以看出，尾矿产生及利用量均不断增加，但整体回收利用水平仍较低，2013 年尾矿利用率为 18.9%。尾矿目前的利用方式主要有从尾矿中回收有价组分、生产建筑材料、充填矿山采空区及其他途径，各类途径的使用占比见图 7-3。2013 年，尾矿和废石综合利用年产值达到 936 亿元，尾矿产生量为 16.49 亿吨，利用量为 3.12 亿吨，利用率为 18.9%，具体见表 7-1。技术方面，近年来中国尾矿综合利用技术取得较大进步，开采新技术不断突破，部分重要矿产资源采选及综合利用技术达到或接近世界先进水平，如发明了磁团聚重选新工艺、铁矿反浮选技术等新工艺技术，研制出磁团聚重选机、高压辊磨机等新设备，一次采全高的综合机械化开采技术、细磨—细筛—磁选、粗粒抛尾、细筛—磁选—反浮选等工艺技术已实现工业化应用，显著提高了选矿效率和资源回收利用水平。同时，我国在铁锰尾矿有价组分提取技术、有色金属尾矿有价组分高效分选回收技术、石墨尾矿有价组分回收技术、尾矿制备新型建筑材料技术、尾矿大规模代替水泥原料用于制造水泥技术，以及锰尾矿硫酸和微生物联合浸出技术中试等方面均取得突破。

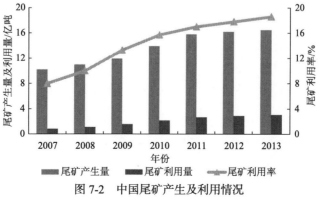

图 7-2　中国尾矿产生及利用情况

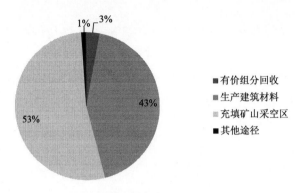

图 7-3　中国尾矿综合利用途径

表 7-1　近年来中国主要尾矿产生情况统计　　　（单位：亿吨）

种类	2009 年	2010 年	2011 年	2012 年	2013 年
铁尾矿	5.36	6.34	8.06	8.21	8.39
黄金尾矿	1.74	1.89	2.01	2.12	2.14
铜尾矿	2.56	3.05	3.07	3.17	3.19
其他有色金属尾矿	1.12	1.33	1.34	1.36	1.38
非金属尾矿	1.14	1.32	1.33	1.35	1.39
合计	11.92	13.93	15.81	16.21	16.49

数据来源：《中国资源综合利用年度报告（2014）》

　　粉煤灰资源化利用。近年来，粉煤灰资源化利用技术研发得到高度重视，已在生产水泥、混凝土、墙体材料，以及筑路、农业和提取矿物等方面的应用取得了一定成效，综合利用不断向精细化、高技术化发展，如高铝粉煤灰提取氧化铝和铝硅合金技术已在局部地区实现产业化生产，以粉煤灰为主要原料作为胶结充填采矿的主要材料取得关键技术突破和产业化应用。但总体上，中国粉煤灰资源化技术仍以低端建工建材利用为主，市场效益不显著，迫切需要加快粉煤灰资源化基础理论和技术研发，推动由传统建工建材利用为主向多组分协同提取、制备复合材料、控制污染与生态利用等技术方向发展。

　　煤矸石资源化利用。2013 年，中国煤矸石产生量约 7.5 亿吨，综合利用量 4.8 亿吨，综合利用率为 64%，煤矸石、煤泥等综合利用发电机组总装机容量达 3000 万千瓦，发电量超过 1600 亿千瓦时。煤矸石综合利用量中用于发电的占比约 32%，用于生产建材的占比 12%，其他用于填坑筑路、土地复垦及塌陷区回填等。煤矸石资源化利用技术不断提高，单机 600 兆瓦超临界循环流化床发电机组已投入运行，煤矸石发电—高铝粉煤灰深度脱硅—莫来石制备—白炭黑生产等特色资源化产业链已形成。

金属废渣综合处置。金属废渣主要有钢铁冶炼废渣和有色金属冶炼废渣，2013 年，钢铁冶炼废渣产生量 4.16 亿吨，综合利用率 67%，其中高炉渣综合利用率为 82%，钢渣为 30%。相较而言，有色冶炼废渣综合利用率较低，2013 年为 17.5%，赤泥利用率为 4%。目前，钢铁行业冶炼废渣主要用于水泥、路基料及钢渣砖等各种建材制品生产，同时新的领域不断开拓，以提高附加值，如钢渣矿渣复合粉的生产和应用取得关键技术突破。因铝土矿品位降低，2013 年赤泥累计堆存量已达 3 亿吨，赤泥资源化利用得到重视，年处理 30 万吨赤泥砂化脱水制备水泥铁质校正剂中试完成，赤泥胶凝材料、赤泥基多孔蜂窝材料、赤泥固硫剂、赤泥塑料等技术均取得突破。

工业副产石膏综合利用。由图 7-4 可见，2013 年，工业副产石膏产量 1.84 亿吨，其中脱硫石膏约 0.76 亿吨，磷石膏约 0.7 亿吨，其他约 0.38 亿吨，综合利用率 48.1%。目前，中国利用工业副产石膏生产建材的技术水平与国外先进水平差距不大，已突破脱硫石膏和磷石膏制备水泥缓凝剂、纸面石膏板等核心技术，实现了工业化应用，以此利用副产石膏占总量的 96%。副产石膏综合利用情况受地区影响较大，京津冀、珠三角及长三角等地区综合利用率高，西南、西北等地区相对较低，而大型磷化工企业集中在西南地区，导致其综合利用率较低。

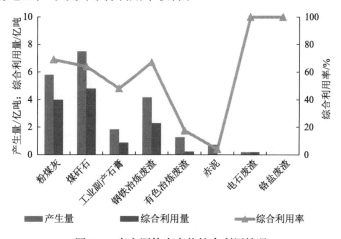

图 7-4　大宗固体废弃物综合利用情况

（5）再制造

目前，汽车、工程机械、大型机电设备等进入报废高峰期，2011 年报废汽车超过 400 万辆，预计 2020 年汽车报废量将超过 1300 万辆，中国机床保有量达到 800 万台左右，役龄 10 年以上的传统旧机床占 50% 左右，机床再制造市场潜力巨大，但截至 2017 年，中国再制造尚未规模化开展。

再制造技术方面，一些科研单位在汽车零部件、工程机械、机床等再制造技术研发方面取得了显著进展，汽车发动机、变速箱、电机等再制造技术已经初步满足产业化需求，初步形成了拆解破碎机械化及多级分选技术相结合的资源化工艺路线，基本改变了传统的粗放拆解模式。

7.1.3　政策支持

近年陆续发布的相关政策包括《循环经济发展战略及近期行动计划》《关于推进再制造产业发展的意见》《关于建立完整的先进的废旧商品回收体系的意见》《再生资源回收体系建设中长期规划（2015-2020 年）》等，并出台了《金属尾矿综合利用先进适用技术目录》《重要资源循环利用工程（技术推广及装备产业化）实施方案》等技术装备性政策。同时，产业财税及基金政策也不断加强，如 2012 年出台的《废弃电器电子产品处理基金征收使用管理办法》，而随着《废弃电器电子产品处理目录（2014 年版）》的实施，纳入基金补贴范围的产品由过去的 5 种扩充到 14 种；2015 年新出台的《资源综合利用产品和劳务增值税优惠目录》，主要针对资源综合利用企业开展优惠措施。各政策的具体信息见表 7-2。

表 7-2　"十二五"期间发布的资源循环利用政策

序号	政策名称	发布单位
1	关于建立完整的先进的废旧商品回收体系的意见	国务院
2	"十二五"资源综合利用指导意见	国家发改委
3	大宗固体废物综合利用实施方案	国家发改委
4	关于推进园区循环化改造的意见	国家发改委、财政部
5	废物资源化科技工程"十二五"专项规划	科学技术部、国家发改委、工业和信息化部等

续表

序号	政策名称	发布单位
6	关于进一步明确废弃电器电子产品处理基金征收产品范围的通知	财政部、国家税务总局
7	废塑料加工利用污染防治管理规定	环境保护部、国家发改委、商务部
8	"十二五"循环经济发展规划	国务院
9	循环经济发展战略及近期行动计划	国务院
10	重要资源循环利用工程（技术推广及装备产业化）实施方案	国家发改委、科学技术部、工业和信息化部等
11	资源综合利用产品和劳务增值税优惠目录	财政部、国家税务总局
12	再生资源回收体系建设中长期规划（2015-2020 年）	商务部、国家发改委、国土资源部等
13	2015 年循环经济推进计划	国家发改委
14	循环经济发展评价指标体系（2017 年版）	国家发改委、财政部、环境保护部等
15	循环发展引领行动	国家发改委、科学技术部、工业和信息化部等

7.1.4　国际现状

再生资源方面，随着对节约资源、保护环境的重视，发展循环经济已成为抢占新一轮经济和科技发展制高点的重大战略，发达国家纷纷加快部署，采取立法和财税支持等多种手段，推动再生资源回收等行业快速发展，如欧盟 2007 年提出重点发展低碳产业与循环经济，到 2020 年实现主要金属和建筑材料基本由再生资源提供。再生资源产业已成为全球发展最快的产业之一，2010 年规模年均产值已达 1.8 万亿美元，产值年均增长率在 15%左右，据预测，2030 年再生资源回收利用在全球原料供应量的比重，将由 2014 年的 30%大幅提高到 60%～80%。以美国为例，2009 年，美国再生资源产业规模已达 2400 亿美元，超过汽车行业，成为美国最大的支柱产业。此外，欧盟、日本等在再生资源产业方面的发展也一直处于世界领先水平，已经建立起比较成熟的废旧物资回收网络和交易市场。在技术领域，发达国家掌握着核心技术，创新能力强，这些核心技术主要集中在高附加值终端产品上。

新品种废弃物方面，随着光伏产业的蓬勃发展，光伏垃圾的回收管理问题也日益凸显出来，电池板含有的银、铜等有用物质，在作填埋处理时，重金属等可能会溶出而污染地下水和土壤。欧美已经开始着手光伏材料的循环利用，2012年以前，主流的太阳能电池企业已经开展了自愿的回收行动，2011年，欧盟的光伏循环回收计划回收了超过1400吨的光伏组件，回收率已接近70%；2012年，欧盟将太阳能电池组件纳入欧盟报废电子电气设备目录，根据该指令要求，2019年以前电子产品回收率需要达到85%以上，其中材料的再循环率要达到80%以上。美国以First Solar为首的光伏企业也从降低产品生命周期环境影响，提高光伏关键材料的供给保证出发，主动开展了光伏材料循环利用的研究和实践。2015年6月，日本公布了《光伏发电设备等回收再利用及妥善处理相关的报告》。光伏组件包括晶体硅组件和薄膜电池，光伏板的设计寿命一般被定为25年，日本太阳能电池板的废置量，在寿命为25年的情况下，预计2020年约为3000吨，2030年约为3万吨，2040年约为80万吨。为节约资源和保护环境，日本鼓励电池板厂商参与回收利用，促使其采用环保设计。日本为促进相关企业（相关厂商、产废处理及回收利用企业等）的自主回收和妥善处理及回收利用系统的顺利运营，研究制定所需的制度性措施，并积极尝试与经济产业省和行业团体合作，制定"光伏发电设备的拆除、搬运及处理方法的相关指导方针"。

大宗固体废弃物方面，国外金属废渣清洁选冶工艺得到普遍应用，资源化方式主要是瞄准有价成分的高值利用；工业副产石膏产生量较小，资源化方式主要是替代天然石膏，基本已经形成成熟、稳定的综合利用技术体系；欧盟国家每年的建筑垃圾资源化利用率达到50%，韩国、日本已经达到了97%左右。

低值废弃物方面，国外的垃圾分类回收系统比较完善，一般以居民家庭为单位，进行垃圾的分类回收，如每个英国家庭都有3个垃圾箱，一个黑色垃圾箱，装普通生活垃圾；一个绿色垃圾箱，装花园及厨房的垃圾；一个黑色小箱子，装玻璃瓶、易拉罐等可回收物，社区会安排三辆不同的垃圾车每周一次将其运走。普通生活垃圾主要是填埋，花园及厨房的垃圾用作堆肥；垃圾回收中心则回收42种垃圾，如家具、玻璃、报纸等。美国、澳大利亚等国家的垃圾回收情况与之类似。在垃圾处理方面，利用垃圾制备燃气技术成为重点在欧洲得到快速推广，德国已建有 55 个城市生活垃圾处理与生物质燃气利用工程，这不仅满足了工程自身能源供给，而且正逐步形成对交通车辆和居民小区燃气利用的供给能力。

再制造方面，再制造产业已深入如汽车、压缩机、电子电器、机械设备、办公用品、轮胎、墨盒、阀门等多个工业领域。在美国所有的再制造行业中，汽车再制造业是最大的。欧洲主要工业化国家的一些大企业都相继开展了再制造，德国奔驰汽车的整个寿命周期都体现了回收利用的概念，从设计开始就注重汽车的可回收性，到报废时再拆卸回收利用。

7.1.5　与国际的比较

（1）国外废弃资源回收体系较为完善，中国有明显差距

国外的垃圾分类回收系统比较完善，已达到以居民家庭为单位，进行较为完善的垃圾的分类回收。从根源上的系统分类进行回收，利于后期的分别处理和回用。而中国废弃物回收体系则发展不尽如人意，居民没有形成严格按照废弃物的特点进行分类存放的习惯，部分城市对于不同垃圾箱用一辆垃圾车混装拉走的行为更是阻碍了分类回收的发展，打击了居民分类的积极性。同时，由于废弃物回收利用价值不同，中国部分企业和个人出于逐利考虑，对废弃物的分类以价值进行判断，资源回收利用价值高的分类回收较为彻底，而对于低值废弃物则无人愿干，导致无法根据废弃物特点进行充分回收。

（2）国外各领域均已达到成熟阶段，中国各领域发展不均衡

国外的再生资源产业、大宗固体废弃物、垃圾回收利用、再制造等各领域均发展较为成熟，均处于世界领先水平，已经建立起比较成熟的废旧物资回收网络和交易市场。技术领域，发达国家掌握着核心技术，创新能力强，主要集中在高附加值终端产品上。对于新品种废弃物，发达国家借助成熟完善的废弃物回收利用体系，以及发达的技术水平，已将光伏废弃材料等纳入相关的报废设备目录，开展了循环利用的研究和实践。中国废旧资源回收利用方面，各领域发展极不均衡，如再生资源产业发展相对完善，但多数低值废弃物未覆盖或发展滞后；大宗固体废弃物中尾矿综合利

用率不足 20%，粉煤灰综合利用率为 70%左右，工业副石膏利用率不足一半，但脱硫石膏已达 72%；垃圾分类回收处理系统仍不完善，低值废弃物回收利用处于探索阶段；新品种废弃物回收利用中，光伏垃圾尚未建立有针对性的回收利用体系，动力蓄电池处于起步阶段；再制造尚未规模化开展。中国的废旧资源回收利用发展不均衡，与发达国家均存在差距。

（3）技术发展参差不齐，部分国际领先，部分与国外相比仍有较大差距

目前，废旧金属低能耗清洁工艺已在发达国家普遍应用。中国废钢铁已在全国范围内形成与工业发展相适应的加工配送工业化体系，2013 年建成了功率在 1000 马力以上废钢铁破碎生产线 40 余条，技术工艺已逐步向资源能源消耗及环保约束等方面改进。有色金属方面，全自动废金属预处理技术设备、再生铜低能耗精炼除杂、再生铝双室反射炉低烧损熔炼、再生铅富氧熔炼技术、富氧燃烧等技术和装备领域实现了产业化，取得了良好的经济和环境效益。中国高压立磨等部分大型成套设备制造实现国产化，并达到国际先进水平。但与国外相比，部分先进技术和装备依赖进口，中国废物资源化仍处于国际资源大循环产业链的较低端，且再利用产品附加值低，利用规模与水平仍有很大的提升空间，迫切需要通过技术创新大幅度提升废物综合利用率与资源产出水平，支撑循环经济较大规模发展战略目标的实现，保障国家战略资源供给安全。

7.1.6　存在的主要问题

（1）新品种和低值废弃物回收利用尚处于起步阶段

欧盟、美国、日本等均已将废弃光伏组件纳入了电子废物管理的范畴，并出台了相应的政策，开展了相关实践。中国对废光伏组件等新品种废弃物的回收利用尚处于起步探索阶段，"十三五"期间，光伏组件、电动汽车动力蓄电池的废弃量显著增加，但目前，仅在部分研究机构对光伏组件废弃物的产生及处理进行了尝试性研究，如中国科学院电工研究所承担的国家 863 课题子任务"光伏设备回收与无害化处理技术研究"是中国目前为数不多的国家级相关研究，动力蓄电池回收利用也仅在 2016 年发布的《电动汽车动力蓄电池回收利用技术政策（2015 年版）》中有所涉及。新品种

废弃物的回收利用及发展需求与国外均存在较大差距。

对于低值废弃物，缺少激励政策，回收利用附加值低，分类回收体系还不完善，导致低值废弃物回收利用水平较低，仅广州在 2015 年出台了《广州市购买低值可回收物回收处理服务管理试行办法》，尝试通过对低值可回收物处理实行补贴来推动低值废弃物的回收利用，低值废弃物回收利用尚处于尝试和探索阶段。

（2）"互联网+"资源循环替代体系尚未完善

"互联网"思维逐步成为公众讨论热点后，信息传播速度加快，"互联网+分类回收"已具备一定基础，如深圳淘绿信息科技有限公司将互联网思维融入传统回收行业，构建了专注于再生资源行业（废旧手机）的回收服务第一平台，集线上回收交易平台、二手商城平台、拆解物交易平台、积分系统为一体的三大平台一个系统。在日常生活中，通过手机 APP 模式回收废旧物品现象逐步扩大，如格林美以"回收哥"为形象主体，开展"互联网+分类回收"业务，采用 O2O（online to offline）方式，利用手机 APP、微信和网站实现居民、回收哥、政府、企业的共享共用的循环生活方式。但"互联网+分类回收"尚处于起步阶段，回收对象依然集中在手机等附加值高的领域，且依然集中在回收环节，而在其他领域及废弃物的处理利用环节，尚未展开"互联网+"行动。

（3）核心部件加工技术水平低，产品附加值低

技术的研发、推广及装备的产业化不足，已成为制约资源循环利用产业规范化、规模化发展的重要因素。除少数企业技术和装备较先进、环境保护设施较完善外，大多数从业主体设备简陋、技术落后，专业化水平较低，产业化能力不足，这在一定程度上影响资源的利用率，并导致精深加工能力差，创新能力不足，先进技术和装备依赖进口。与世界主要发达国家相比，中国废物资源化仍处于国际资源大循环产业链的较低端，且再利用产品附加值低，利用规模与水平仍有很大的提升空间，迫切需要通过技术创新大幅度提升废物综合利用率与资源产出水平，支撑循环经济较大规模发展战略目标的实现，保障国家战略资源供给安全。

（4）资源化发展不均衡，规模化全链条生产不足

资源循环利用产业覆盖多种废旧资源，企业出于逐利考虑，在经营品

种和经营范围方面追求"利大抢干，利小不干"，如废钢铁等废旧物资，争抢回收，资源化利用较为彻底，但废玻璃、废塑料、废软包装类等低值可回收利用废旧资源，则出现无人愿干的现象，导致各项废旧物资回收率和加工利用率均差异较大，造成大量可用资源无人问津，浪费资源严重。产业区域发展也不平衡，发达地区较为完善，不发达地区则发展滞后。

多数企业对优质废旧资源的加工利用水平差，分拣加工产生的产品附加值低，产品结构单一，科技含量少，增值水平低，同质化现象明显，规模化、覆盖全产业链的生产企业不足。

7.2 行动目标

实施循环发展引领行动，推动太阳能光伏电池、废弃电子产品稀贵金属多组分分离提取和电动汽车动力蓄电池、废液晶等新品种废弃物的回收利用，开展基于"互联网+"的废弃物回收利用体系示范。推进城市低值废弃物协同处置和大宗固体废弃物综合利用加快发展。建立以售后维修体系为核心的旧件回收体系，在商贸物流、金融保险、维修销售等环节和煤炭、石油等采掘企业推广应用再制造产品。鼓励专业化再制造服务公司提供整体解决方案和专项服务。

总体目标：实施循环发展引领行动，树立节约集约循环利用的资源观，基本形成资源循环利用制度体系，"互联网+"废弃物回收利用充分结合，循环发展对污染防控的作用明显增强，资源循环利用基础设施不断完善，循环发展政策保障水平不断提高，资源循环利用产业不断发展壮大。到2020年，力争废旧资源当年替代原生资源13亿吨，资源循环利用产业产值规模达到3万亿元。具体细分如下。

（1）"互联网+"废弃物回收利用体系初步形成。实现"互联网+"与回收、资源化加工、再生产品利用、管理等各个环节结合，回收利用体系实现智能化、自动化、高端化、便捷化和透明化；在北京、上海、深圳等有基础的城市进行试点，初步建立再生产品推广应用平台，提高公众参与度和知情权；突破智能化废旧资源回收利用关键技术和装备，包括智能化分拣拆解技术、清洁冶炼技术、智能优化稀贵金属提取技术、废塑料高值化利用技术等。

（2）新品种废弃物回收利用体系基本建立。太阳能光伏电池、电动汽车动力蓄电池、废液晶、废节能灯等新品种废弃物纳入回收利用体系，开展主要新品种废弃物回收利用试点示范，实现新品种废弃物的回收利用；建立电动汽车动力蓄电池回收利用技术政策配套措施；突破新品种废弃物回收利用关键技术；到 2020 年，建立新品种废弃物回收利用体系示范试点 15 个，其中光伏垃圾试点 5 个，动力蓄电池废弃物回收利用试点 5 个，节能灯废弃物回收利用试点 5 个，培育新品种废弃物回收利用企业 30 家。

（3）城市低值废弃物回收利用体系基本建立。制定和完善低值可回收物目录及补贴政策；生活垃圾分类和再生资源回收实现有效衔接，建立配套政策措施，扩大再生资源回收与生活垃圾清运体系的"两网协同"试点范围，提高低值废弃物回收利用水平。

（4）大宗固体废弃物综合利用水平显著提高。提高各类废物的综合利用率，特别是赤泥、有色冶炼废渣等利用率较低的固体废弃物，到 2020 年，大宗固体废物综合利用率达到 60%，其中尾矿和赤泥综合利用率达到 30%，其他大宗固体废弃物综合利用率达到 75% 以上；研发大宗固体废弃物高效和高附加值回收利用技术；培养一批大宗工业固体废弃物综合利用专业化企业。

（5）再制造实现规模化发展。建立以售后维修体系为核心的旧件回收体系，推广应用再制造产品，鼓励专业化再制造服务公司提供整体解决方案和专项服务；选择上海市等工业基础较好、技术实力较强、具有一定规模优势的地区，开展电机高效再制造试点，累计实现高效再制造电机 3000万千瓦；推广再制造产品的应用，建立工程机械、机床等领域再制造产品试点各 3 个，培育再制造服务企业 30 家。

技术目标：研发一批具有自主知识产权的新品种废弃物回收利用原创技术，推广一批先进适用技术，包括太阳能光伏电池、电动汽车动力蓄电池、废液晶等废弃物中稀贵金属多组分分离提取技术；突破典型大宗固体废弃物中多种组分梯级提取与高值利用技术，以及建材中规模化消纳关键技术，发展毒害性物质控制技术与装备，形成规模化与资源化利用集成技术体系；研发和推广汽车零部件、工程机械、机床等再制造技术，实现拆解破碎机械化及多级分选技术相结合的资源化工艺路线，提升再制造水平。

经济目标：到 2020 年，力争废旧资源当年替代原生资源 13 亿吨，资源循环利用产业产值规模达到 3 万亿元，其中再生资源产值达 1.5 万亿元以上；通过技术的研发和推广，提高资源回收利用效率，降低成本；产业的发展带动上下游甚至整个社会经济的发展，创造更大的经济效益。

社会效益：大幅提升废旧物资回收利用效率，特别是低值废弃物的回收利用能显著提高，解决部分垃圾围城的问题；提高资源循环利用产业管理水平，通过"两网协同"，理顺各部门的职责范围，提高相关部门的管理效率；通过产业的发展，扩大就业范围，提供就业岗位 3000 万个以上。

7.3 主要内容

7.3.1 "互联网+"废弃物回收利用体系构建与完善

（1）"互联网+回收"

充分总结和利用现有的"互联网+回收"的经营模式，如手机 APP、专业回收网站等为媒介的 O2O 回收体系，即"线上投废、线下物流"的"互联网+回收"模式。以 C2B（消费者到企业，customer to business）为商业形态实现价值互动，规范化和透明化废物价值评估，充分利用互联网和传统的物流、销售渠道，建立系统的包括各种线上线下的物流、销售渠道、平台的回收网络体系，扩大废旧资源的回收种类，同时，建立智能回收机、自动分拣等现代新技术体系，提高回收设施智能化、自动化水平，进一步推动废物回收便捷化、互动化和透明化。

（2）"互联网+资源化加工"

资源化加工主要包括以再生资源为原料的产品设计、加工生产等环节。"互联网+资源化加工"，对于产品的设计研发阶段，重点以 C2B 模式为主导，以用户思维为核心，以市场需求为导向，让消费者参与到产品设计研发中。资源化加工技术向智能化、自动化发展的同时，也融入到互联网思维和技术设计生产流程中，整合资源，延伸产业链，达到适应市场、降低成本、提高产品附加值的目标，如废旧金属重点突破专业化、智能化分选拆解，清洁冶炼及二次污染控制技术与装备，开发高品质再生利用产品，支撑废旧金属保级或升级利用；电子电器以"四机一脑"及废手机、小家电等为重点，智能优化稀贵金属提取、有色金属再生、废塑料高值化利用等；废旧高分子材料主要开发智能清洁高效的分值分级利用技术，实现废旧高分子材料全生命周期利用。

（3）"互联网+再生产品利用"

针对再生产品的消费和利用，通过互联网，以消费者主导的C2B商业形态对接需求，建立并扩大自己的社群。具体操作上，重点借助互联网加大对再生产品的宣传，包括废弃物来源、再生产品生产过程、再生产品性能、消费再生产品获得的额外社会价值（如保护环境、节约资源等），消除公众疑虑，让消费者参与生产和价值创造，并在消费者一次次价值互动下完成的体验当中，提升产品的所有属性，从而感染用户，扩大市场。

（4）"互联网+管理"

重点实现管理的智能化、便捷化、透明化，提升跨区域、跨行业、跨部门的管理效率。充分利用互联网的高效性、交互性、集成性，达到政府管理信息不需要通过多层管理机构传递就实现公众与政府管理者的互动，使信息能够在"条块"之间顺畅、交互流动，大大减少"政出多门""管理打架"及管理漏洞等，顺利衔接再生资源产业的各环节。具体操作上：第一，推动政府管理组织的扁平化、一体化发展，理顺各管理部门责权范围，避免交叉管理；第二，构建废弃物回收利用产业相关管理部门内部信息共享机制，确保信息及时高效地流转与共享，确保产业各环节管理有效衔接；第三，整合现有交叉领域管理体系，如积极推动再生资源回收体系、城市垃圾清运体系两网合一，促进协同管理与发展；第四，完善产业信息统计，强化标准管理，加强回收、分类、分拣加工、运输储存、利用、污染控制技术等基础类和通用类标准的修订和衔接，并借助互联网等及时发布共享。

7.3.2 新品种废弃物的回收利用

（1）将新品种废弃物纳入废旧物资回收利用体系

将太阳能光伏板、动力蓄电池、废液晶、碳纤维材料和节能灯等新兴废弃物纳入回收利用体系，如修订《废弃电器电子产品处理目录》，将太阳能电池组件等符合的新品种废弃物纳入其中。建立新品种废弃物回收利用配套措施，修订和完善《电动汽车动力蓄电池回收利用技术政策》，建立完善的配套措施，如动力电池的编码制度、废旧动力电池梯级利用政策，增加动力蓄电池回收利用的处罚机制等。制定新品种废弃物回收利用规划，将新品种废弃物的回收利用纳入常规管理计划中。

（2）推进新品种废弃物回收利用技术的研发和应用

研发新品种废弃物回收利用关键技术和装备，重点研发和推广太阳能光伏板、动力蓄电池、废液晶、碳纤维材料和节能灯等新兴废弃物的回收利用关键技术，推广新品种废弃物中稀贵金属高效富集与清洁回收利用技术与装备等。研发和推广新品种废弃物循环利用和梯级利用技术，如电动汽车动力蓄电池梯级利用技术与装备等，促进废弃物新品种规范有序回收高值清洁利用。同时，根据形势的发展和产业发展需求，研发新出现的新品种废弃物回收利用技术，加强对脱硝催化剂的回收处理技术的研发和推广等。

（3）开展废弃物新品种回收利用体系示范

选择北京、上海、山东等废弃光伏组建回收利用基础较好的区域，开展光伏垃圾的回收利用试点示范，推广应用光伏垃圾回收利用新技术，形成从生产、使用到回收、再利用的循环产业链。选择北京、深圳、重庆等区域开展动力蓄电池废弃物回收利用试点示范，推广应用电动汽车动力蓄电池梯级利用技术与装备。选择 10 个节能示范园开展节能灯废弃物回收利用试点示范，形成并推广节能灯从生产、使用到回收、再利用的循环产业链。适时开展其他废弃物的试点示范。

7.3.3 城市低值废弃物协同处理处置

（1）界定低值可回收物

明确低值可回收物的范畴，低值可回收物即本身具有一定循环利用价值，在垃圾投放过程中容易混入其他类生活垃圾，单纯依靠市场调节难以有效回收处理，需要经过规模化回收处理才能够重新获得循环使用价值的废玻璃类、废木质类、废软包装类、废塑料类等固体废弃物。出台低值可回收物的目录，设计各类低值可回收物明确的标识，并借助各种媒体工具，如网络、电视、手机、广告、杂志、报纸等，对低值可回收物所包含的内容进行充分、广泛的宣传，并在宣传中强调其可回收性、回收的效益、回收的途径等。

（2）制定低值可回收物回收利用激励政策

制定低值垃圾回收利用补贴政策，明确政府职责，政府逐步将生活垃圾的终端处理费调整部分至前端，制定低值可回收物补贴目录，明确补贴标准和补贴途径，并借助互联网公开，使补贴透明化、便捷化。培育、引进龙头专业企业，以社区、街道为单元，实行垃圾治理和再生资源回收网格化管理，从源头抓起，本着"减量化、分类别、再利用、资源化、无害化"的原则，着眼于垃圾产生、减量、分类、回收、运输、处理、利用全生命周期过程管理和完整的产业链，按照有利于规范分类回收秩序、有利于降低回收利用成本、有利于提高回收利用效益的要求，构建符合实际情况的垃圾治理利用体系。配套建立后端处理设施，使前端回收与后端处理有效衔接，推向垃圾处理和再生资源利用规模化产业市场运行，形成良性运行机制。研究其他低值可回收物回收利用激励政策，精神激励和物质激励结合，尝试更完善可行的回收利用体系。

（3）建立低值可回收物与生活垃圾协同处置体系

通过再生资源回收与生活垃圾清运体系"两网协同"，解决城市低值可回收物的处理处置，解决垃圾减量与资源增量中面临的瓶颈问题。第一，共建点站网络布局，为建设规范有序的分类回收体系，探索建立废品分类回收"政府引导、社区监督、社会组织、自主经营"的市场化运作管理模式，依托街镇统筹设置回收交投及中转储存站点，区域规划建设适量的再生资源回收利用中转仓储分拣场，并设立专项资金予以支持，将小区的垃圾房、压缩站等设施资源纳入废品分拣回收体系，使回收工作更具可操作性。第二，共用储存设施设备，随着城市建设的加快，回收网点设施不断减少，新建回收站点难以落地，可通过利用现有设施资源，如利用垃圾箱房可用空间，推进生活垃圾分拣与再生资源回收设施点位合一，设立具有统一标识的再生资源回收站点，制定"两网协同"社区示范点标准，包括回收站点招牌、"两网协同"标识牌、价目表、分类标识牌、再生资源周转箱及规章制度守则。第三,共推收拣服务集成,依托区域回收企业,提高市民对规范标准的回收服务的感受度,在试点小区内整合垃圾箱房保洁、分拣岗位,搭建"一岗双职"制度,通过登记、挂牌等措施,对再生资源回收人员、生活垃圾分拣人员、社区保洁人员统一管理,做好区域内垃圾分类、资源回收、台账记录、分类统计等日常管理工作。第四,共享补贴支持政策,可尝试对回收工作的直接工作进行补贴,如先期补贴购置收运车辆、整理打包设备,推进期用低价值废品收购与销售的差价补贴等,同时可考虑将废品回收站点建设纳入垃圾分类奖励内容,通过区级奖励,鼓励街镇、居住区设置废品回收转运站、交投站。

7.3.4 大宗固体废弃物综合利用

（1）研发和推广大宗固体废弃物综合利用关键技术

重点发展尾矿、煤矸石、粉煤灰、冶炼渣、工业副产石膏和赤泥等工业固体废弃物综合利用,重点突破废物中多种组分梯级提取与高值利用,以及建材中规模化消纳关键技术。研发废物多产业循环利用技术模式,发展毒害性物质控制技术与装备,形成规模化与资源化利用集成技术体系,提高资源化产品市场效益,提高各类废物的综合利用率,特别是赤泥、有色冶炼废渣等利用率较低的固体废弃物的综合利用率。

（2）构建国家新型工业化产业示范基地

在国家现有的各项工业园区中,选择基础良好和有特色的园区建设10个以大宗工业固体废弃物综合利用为主要特色的国家新型工业化产业示范基地,并在示范基地中实现以大宗工业固体废弃物综合利用为关键节点的循环经济产业链。培育和扶持固体废弃物综合利用专业化、现代化企业和资源综合利用企业集群。

7.3.5 再制造规模化发展及产品的推广应用

（1）建设以售后维修为核心的旧件回收体系

旧件回收体系建设主要是采用逆向物流的方式,即旧件产品由顾客手中回流到生产商或者再制造商的流动方式。旧件回收体系基本内容包括：收集、检测和分类、再制造、再分销。而以售后维修体系为核心的旧件回收体系，强调了售后维修体系的特殊地位，即售后维修体系将承担收集、检测和分类的功能，以及部分再制造和再分销的功能。在实际操作中，可从以下几个方面开展。

1）构建旧件逆向物流信息系统

再制造逆向物流信息系统是构建再制造逆向物流体系的关键一环，为了能与现有的正向物流信息系统相匹配，达到信息共享，方便管理者跟踪和评估，运用现代信息技术必不可少。通过再制造逆向物流信息系统，企业可以在逆向物流的全过程采集、整理、归类商品信息，生成相关的统计数据和报告，如商品回流率、库存周转率、再生利用率等，这就需要给每个回流品标定一个身份，一一对应，从而减少查询资料的时间。再制造逆向物流也可以达到快速响应，时时了解库存情况的效果，与供应商建立信息交流系统，保持双方信息流的一致，减少"逆牛鞭效应"的不良影响。另外，再制造逆向物流系统可以帮助企业缩短存货处理周期，增加库存周转次数，节约成本，提高企业的预测水平，更重要的是帮助企业高层作出有利于供应链发展的决策。

2）构建以售后维修点为单元的旧件回收处理中心

国内外大型企业，均有产品的售后维修点，承担产品的售后保障和维修的任务。构建以售后维修体系为核心的旧件回收体系，可充分利用现有的售后维修点，直接使用售后维修点，或者对其进行优化提升为售后回收处理中心，对本行业或者相关产品进行回收，此措施既可以提高回收效率，利于管理，也能够节省回收和库存成本。重新利用售后维修点的技术，通过专业技术人员进行旧件回收，利于对各旧件的磨损和损坏程度进行分别处置，通过简单维修即可使用的与需进行再制造过程的旧件分别归类，经处理后送往不同的方向，即维修后可按照程序进行销售或其他使用，需要进行再制造的送到再制造点进行再制造处理。

3）建立旧件回收和再制造评估和监督机制

从企业再制造逆向物流绩效的角度来说，需要有一套合理的作业评估指标和监督机制，可以用来系统性地衡量旧件回收和再制造逆向物流作业的绩效情况，如售后维修体系的现状与问题、旧件回收与分类的流程、再制造过程、物流运输等情况，以及退货百分比、换货与交货之间的处理时间等，要充分对这些情况进行评估和监督，提高对再制造的监督管理。

（2）推广应用再制造产品

充分运用媒体优势，倡导绿色低碳、环保健康、循环利用的生产生活方式，强化环保意识，营造全社会重视和支持再生产品利用的良好氛围。出台全面系统的再制造产品标识管理办法，规范各类再制造产品标识的基本样式，制定各类再制造产品标识的实施规则，明确相应的鼓励和处罚措施，为绿色生产和绿色消费提供依据和保障。对于主要的再制造产品，如汽车零部件、机械设备、电子产品等，可先通过区域示范、行业示范等方式进行推广，率先在商贸物流、金融保险、维修销售等环节和煤炭、石油等采掘企业推广应用再制造产品，并在后期逐步扩大再制造产品的使用范围，提高产业化规模。鼓励再制造产品，强化政府绿色采购制度，将再制造产品列入采购清单，示范带动绿色消费。利用互联网、APP 等信息现代化优势，广泛推介各类再制造产品质量及用途，给予公众充分的知情权和选择权，消除公众和企业使用再制造产品的疑虑，减少一次性用品的生产和消费。宣传推广废物回收利用的废料来源，传播再制造工艺程序、产品用途等，提高全社会对再制造产品的认识水平。构建完善的再制造产品检测技术规范，明确检测方法和标准，使再制造产品的质量透明化。

（3）推动再制造服务业的发展

鼓励专业化再制造服务公司提供整体解决方案和专项服务。大力推进再制造的专业化、社会化运行服务，逐步形成专业化的系统服务外包市场，尝试开展合同再制造服务等新模式。大力发展再制造咨询服务业，包括再制造中的回收对象评估、旧件和再制造产品的检测、再制造程序、再制造产品的销售方向、再制造的环境经济效益、再制造培训等内容，鼓励再制造公司提供整体解决方案。在部分特殊领域和环节，鼓励开展再制造专项服务，如在再制造产品寿命和质量的评估与检测方面，形成高精尖专业化的服务市场。培育再制造龙头企业，鼓励有基础的企业进入再制造领域，形成以连锁经营、合作经营等为主的全链条服务企业；培育再制造的"专精特新"服务企业，形成对大型企业的补充和配套。

7.4　实施途径

7.4.1　可行性

国家多项政策文件中，明确要发展资源循环利用产业。《国家创新驱动发展战略纲要》提出了要"发展资源高效利用和生态环保技术，建设资源节约型和环境友好型社会。"明确的主要任务中，包括"采用系统化的技术方案和产业化路径，发展污染治理和资源循环利用的技术与产业"和"发展绿色再制造和资源循环利用产业，建立城镇生活垃圾资源化利用、再生资源回收利用、工业固体废物综合利用等技术体系。"《"十三五"国家科技创新规划》中指出，要"发展资源高效循环利用技术"，并将"废物循环利用"作为重要内容，要"研究资源循环基础理论与模型，研发废物分类、处置及资源化成套技术装备，重点推进大宗固废源头减量与循环利用、生物质废弃物高效利用、新兴城市矿产精细化高值利用等关键技术与装备研发，加强固废循环利用管理与决策技术研究。加强典型区域循环发展集成示范，实施'十城百座'废物处置技术示范工程。"国家综合性文件，将资源循环利用产业作为一项重要内容，体现了国家对资源循环利用产业的重视及大力发展的决心。

"十三五"期间，国家制定并发布了《"十三五"国家战略性新兴产业发展规划》、《"十三五"节能减排综合工作方案》及《"十三五"节能环保产业发展规划》等，在各项规划中均将资源循环利用产业作为重点方向进行发展，并明确了资源循环利用产业发展的主要方向，对该产业后期的发展设定了目标，提供了指导。重大行动计划主要针对产业发展的落实进行研究，明确具体目标和实施的主要内容，并提出负责及参与部门，为资源循环利用产业发展的落地，提供支撑。

7.4.2　与已有项目的衔接

（1）与《"十二五"节能环保产业发展规划》的重点工程的衔接

"十二五"期间，国家发布了《"十二五"节能环保产业发展规划》，该规划提出资源循环利用产业方向的重点工程包括"城市矿产"示范工程、再制造产业化工程和产业废物资源化利用工程，工程的详细内容见表7-3。三项重点工程与重大行动计划的关系包括三个方面。

第一，"十二五"规划中对于再生资源的回收利用起到了推动和提升作用，但尚未涉及太阳能光伏板、电动汽车动力蓄电池新品种废弃物的回收利用，重大行动计划根据废旧资源的新形势和发展需求，对新品种废弃物的回收利用进行了重点关注。

第二，对于再制造旧件回收体系的完善较为笼统，未明确如何完善，而后期的需要首先是"以售后维修体系为核心的旧件回收体系"，更明确具体和具有可操作性；对于再制造产品的推广，"十二五"规划中也未明确在哪些领域率先进行推广，并逐步扩大，重大行动计划以针对性、可操作性为原则，提出了建立"以售后维修体系为核心的旧件回收体系"，并通过加强再制造产品的推广，来推动再制造产业的发展。

第三，通过"十二五"规划的推动和发展，大宗固体废弃物具有了一定基础，但是大宗固体废弃物的整体回收利用率依然较低，在后期规划和项目中依然需要大力开展。

（2）与《节能减排"十二五"规划》和《"十二五"节能减排综合性工作方案》的重点工程的衔接

"十二五"期间，国家发布了《节能减排"十二五"规划》和《"十二五"节能减排综合性工作方案》，这两项规划中对于资源循环利用产业的重点工程的要求较为相似，分别设置了"循环经济示范推广工程"和"实施循环经济重点工程"，但是"实施循环经济重点工程"的目标更为具体，包括建设100个资源综合利用示范基地、80个废旧商品回收体系示范城市、50个"城市矿产"示范基地、5个再制造产业集聚区、100个城市餐厨废弃物资源化利用和无害化处理示范工程等。两项重点工程与重大行动计划的关系主要如下。

《节能减排"十二五"规划》对于循环经济示范推广工程的表述较为笼统，未明确实施措施和目标，未筛选出关键问题和实施重点，未对各领域的不同问题形成差异化的应对措施，需要后期进一步明确资源循环利用产业的瓶颈问题和近期重点内容，如新品种废弃物的回收利用、低值废弃物的处理等。重大行动计划将新品种废弃物的回收利用、低值废弃物的处理等作为重点内容进行研究。

《"十二五"节能减排综合性工作方案》明确了各重点工程的目标，较为全面，但未明确当前的重点任务和关键问题，未对各领域形成有针对性的差异化措施，也缺少新问题，如新品种废弃物的回收利用，低值废弃物的处理等。后期工程需根据当前特点，对重点问题进行具体的、可操作性的研究，并给出实施路径。

（3）与《国务院关于加快发展节能环保产业的意见》的重点工程的衔接

《国务院关于加快发展节能环保产业的意见》中提出"推进园区循环化改造"工程，包括引导企业和地方政府加大资金投入，推进园区（开发区）循环化改造，推动各类园区建设废物交换利用、能量分质梯级利用、水分类利用和循环使用、公共服务平台等基础设施，实现园区内项目、企业、产业有效组合和循环链接，打造园区的"升级版"。推动一批国家级和省级开发区提高主要资源产出率、土地产出率、资源循环利用率，基本实现"零排放"。

《国务院关于加快发展节能环保产业的意见》的重点工程仅针对循环化改造进行了特别的推动，未涉及资源循环利用产业的其他方面，也未针对当前面临的重点问题进行推动。重大行动计划针对资源循环利用产业当前面临的主要问题和新形势，对重点领域均做了具体研究和计划安排。

（4）与《再生资源回收体系建设中长期规划（2015-2020 年）》的重点工程的衔接

《再生资源回收体系建设中长期规划（2015-2020 年）》提出了"回收模式创新工程"、"回收分拣示范工程"和"分拣技术创新工程"，详细的内容见表 7-3。

该规划对于再生资源的回收体系进行了重点推动，较为具体和详细，但还存在如下问题：第一，未紧密结合当前形势，充分将"互联网+"引入回收系统，而"互联网+"回收系统将极大地促进传统回收行业转型升级；第二，对于部分废旧电子产品，未根据废弃产品的磨损程度进行分别处理，以提高回收利用效率，推动再制造的发展；第三，未对再生资源的其他方面进行推动，如再生资源产品的利用等。"十三五"期间，需要着力解决这些问题。重大行动计划分别对以上问题进行了详细的研究和计划安排。

（5）与《大宗固体废物综合利用实施方案》的重点工程的衔接

《大宗固体废物综合利用实施方案》对大宗固体废物的重点领域提出了重点工程，包括"尾矿重点工程"、"煤矸石重点工程"、"粉煤灰重点工程"、"工业副产石膏重点工程"、"冶炼渣重点工程"、"建筑废物重点工程"和"农作物秸秆重点工程"7项，详细工程内容见表7-3。

该实施方案对大宗固体废物的回收利用进行了详细的研究和推动，但还存在如下问题：第一，2013年中国尾矿综合利用率仅为18.9%，2015年为20%，综合利用率较低，仍需大幅提升尾矿的综合利用；第二，目前，粉煤灰、煤矸石回收利用率不足70%，工业副产石膏回收利用率不足50%，有色金属冶炼废渣更低，仅为18%，赤泥产生量虽小，但回收利用率很低，为4%。各项工业固体废物仍需进一步提升回收利用率；第三，大宗固体废物的回收利用附加值不高，如尾矿有价元素回收仅占3%，后期需大幅提升大宗固体废物的高附加值利用；第四，大宗固体废物的各项回收利用技术，与国外仍有差距，需进一步提升。重大行动计划分别对以上问题进行了详细的研究和计划安排。

（6）与《"十三五"节能减排综合工作方案》的重点工程的衔接

《"十三五"节能减排综合工作方案》中提出了"循环经济重点工程"，包括组织实施园区循环化改造、资源循环利用产业示范基地建设、工农复合型循环经济示范区建设、京津冀固体废弃物协同处理、"互联网+"资源循环、再生产品与再制造产品推广等专项行动，建设100个资源循环利用产业示范基地、50个工业废弃物综合利用产业基地、20个工农复合型循环经济示范区，推进生产和生活系统循环链接，构建绿色低碳循环的产业体系。到2020年，再生资源替代原生资源量达到13亿吨，资源循环利用产业产值达到3万亿元。

该方案明确和强调了对"产业"的示范基地建设，增加了"工农复合型循环经济示范区"的建设，也强调了"互联网+"资源循环，但还存在如下问题：第一，"十三五"期间，中国光伏组件、电动汽车动力蓄电池的废弃量将开始显著增加，需要将新品种废弃物的回收利用作为重点纳入发展循环经济中；第二，中国的再制造尚未形成产业化发展，仍需有针对性地大力推进，再制造产品的使用规模仍需大幅提高；第三，资源回收利用的不平衡发展，导致低值废弃物回收率低，成为后期需重点解决的问题。这些问题的解决成为重大行动计划的重点。

表7-3　国家资源循环利用产业相关工程项目

政策名称	相关工程	工程内容	与重大行动计划的关系
"十二五"节能环保产业发展规划	"城市矿产"示范工程	建设50个国家"城市矿产"示范基地，推动废弃机电设备、电线电缆、家电、手机、染冶建设施利服务平台建设，塑料、橡胶等再生资源的循环利用。到2015年，形成废弃资源再生利用能力2500万吨，其中再生铜200万吨，废钢1000多万吨，黄金10吨，实现产值4300亿元	①对于再生资源的回收利用起到了推动和提升作用，但尚未涉及太阳能光伏板、电动汽车动力蓄电池新品种废弃物的回收利用。②对于再制造旧件回收体系较为完善为发展统，未明确如何完善，而后期的需要首先是"以售后维修体系为核心的旧件回收体系"，更明确具体和具有可操作性；对于再制造产品的推广，也未明确在哪些领域率先进行推广，并逐步扩大。③大宗固体废弃物，具有了"十二五"规划的推动和发展，具有了一定基础，但是大宗固体废弃物的整体回收利用率依然较低，在后期规划和项目中依然需要大力开展
	再制造产业化工程	支持汽车零部件、工程机械、机床等再制造，完善可再制造旧件回收体系，重点支持建立5~10个国家级再制造产业集聚区和一批重大示范项目。到2015年，实现汽车发动机80万台、变速箱、起动机、发电机等800万件，工程机械、矿山机械、农田机械等20万台套，再制造产业产值达到500亿元	
	产业废物资源化利用工程	以共伴生矿产资源综合利用，尾矿稀有金属分选和回收，大宗固体废弃物大堆量高附加值利用为重点，推动资源综合利用基地建设，鼓励产业集聚，形成以示范基地和龙头企业为依托的发展格局。以铁矿、金矿、铜矿、钒矿、铝锌矿、钨矿为重点，推进共伴生矿产资源综合利用和尾矿综合利用；推进建筑废物和道路沥青再生利用能力约4亿吨，新增固体废弃物的综合利用量。到2015年	
节能减排"十二五"规划	循环经济示范推广工程	开展资源综合利用，废旧商品回收利用，餐厨废弃物资源化，产业园区循环化改造，实现减量化，以及重点行业、重点流域、重点区域实施清洁生产示范工程，加大清洁生产技术改造实施力度，中西部产业承接园区实施清洁生产示范工程，培育一批清洁生产企业和工业园区	此规划中，对于循环经济示范推广工程的表述较为笼统，未明确实施措施和目标，未筛选出关键问题和实施重点，未对各领域的共同问题形成差异化的应对措施，需要后期进一步明确资源循环利用产业的瓶颈和重点品种内容，如新品种废弃物的回期和重点品种的低值废弃物的处理等

续表

政策名称	相关工程	工程内容	与重大行动计划的关系
"十二五"节能减排综合性工作方案	实施循环经济重点工程	实施资源综合利用、废旧商品回收利用、产业园区循环化改造、"城市矿产"示范基地、再制造产业化、餐厨废弃物资源化、资源循环利用技术示范推广等循环经济重点工程，建设100个"城市矿产"示范基地，50个"城市矿产"示范基地，80个废旧商品回收体系示范城市，100个城市餐厨废弃物资源化利用和无害化处理示范工程，5个再制造产业化示范工程	明确了各重点工程的目标，较为全面，但未明确当前没有针对性的重点任务和关键化措施，也缺少新问题领域，如新品种废弃物的回收利用，低值废弃物的处理等，对后期工程需根据当前特点，对重点问题进行具体的研究，并给出实施路径
国务院关于加快发展节能环保产业的意见	推进园区循环化改造	引导企业和地方政府加大资金投入，推进园区（开发区）循环化改造，推动各类园区建设废弃物交换利用、能量分质梯级利用、水分类循环利用和循环化使用、公共服务平台等基础设施，实现园区内项目、企业、产业有效组合和循环链接，打造园区的"升级版"。推动一批国家级和省级开发区提高主要资源产出率、土地产出率、资源循环利用率，基本实现"零排放"	仅针对循环化改造进行了特别的推动，未涉及资源循环利用产业的其他方面，也未针对当前面临的重点进行推动
"十三五"节能减排综合工作方案	循环经济重点工程	组织实施园区循环化改造、资源循环利用基地建设、工农复合型循环经济示范基地建设，资源循环利用产品、再制造产品推广等专项行动，建设100个资源循环利用产业示范基地、"互联网+"资源循环、再生产品与资源循环利用示范城市，京津冀固体废弃物协同处理，20个工农复合型循环经济示范区，推进生产生活废弃物综合循环利用的产业链接，构建绿色低碳循环的产业体系。到2020年，再生资源替代原生资源量达到13亿吨，资源循环利用产业产值达到3万亿元	该方案明确和强调了对"产业"的示范基地建设，增加了"工农复合型循环经济示范区"的建设，也强调了"互联网+"资源循环，中国还存在如下不同问题：①"十三五"期间，中国光伏组件、电动汽车动力蓄电池的废弃量将开始在加剧，需要将这些新品的废弃物的回收利用作为重点纳入发展循环经济中；②中国再制造尚未形成产业化发展，再制造产品回收率低，仍需有针对性的使用规模仍偏大幅提高；③资源物回收形成不平衡发展，导致低值废弃物回收率低，成为后期需重点解决的问题。这些问题将成为重大行动计划的重点

续表

政策名称	相关工程	工程内容	与重大行动计划的关系
	回收模式创新工程	①重点品种回收模式创新。针对废玻璃、各种、废电池、废节能灯等价值低、易污染品种，探索与垃圾及分类站点相结合、自动回收设施布点与专业第三方回收相结合等专业回收模式。②企业回收模式创新。按照面向全社会的第三方回收模式的要求，实现面向前瞻性、物流专业化、分拣精细化、产业一体化的要求，创新各种行业之间有效整合网络，积极探索、创新各种行业之间有效整合网络，大力发展整合网络"三位一体"等各类再生资源回收模式的创新	该规划对于再生资源的回收体系进行了重点推动，较为具体和详细，但还存在如下问题：①未紧密结合当前形势，充分将"互联网+"引入回收系统，而"互联网+"将使整个再生资源的回收体系将很大地促进传统回收行业转型升级；②对于部分废旧电子产品、未根据废弃产品的磨损程度进行分别处理，以提高回收利用效率，推动制造业的发展；③未对再生资源的其他方面进行推动，如再生资源利用等。"十三五"期间，需要针对对这些问题的解决而开展工作
再生资源回收体系建设中长期规划（2015-2020年）	回收分拣示范工程	在全国范围内规划建设一批分拣技术先进、环保处理设施完备、劳动保护措施完善的区域性回收分拣基地和专业性分拣中心。充分考虑全国各区域再生资源主要品种产生量及增长趋势、再生产业及相关产业的发展规模、人口密集度、经济发展水平、城镇化进程、区域间商贸、区位交通条件等综合因素，到2020年，建设区域性回收分拣基地200个、专业分拣中心2000个，与遍布全国城乡、网络纵横的再生资源回收站点有效衔接，形成完善的再生资源加工利用为主的城市矿产基地形成有效对接	
	分拣技术创新工程	鼓励企业研发和应用智能型回收设施、设备，推广机械化、自动化和先进适用的新的再生资源运装备，促进再生资源分拣处理技术升级改造。鼓励研发基于物联网的再生资源回收运系统和传感测识技术和利用处理技术的创新	
	尾矿重点工程	①在重点地区建设10个技术成熟、工艺装备先进、具有循环有价提取元素示范基地；②建设若干尾矿整体开发利用示范基地，支持一批技术创新开发利用示范推广	
大宗固体废物综合利用实施方案	煤矸石重点工程	①在有条件的矿区建设4~5个煤矸石生产高岭土、无机复合肥等示范基地；②建设15~20个稀缺煤种矿区及资源枯竭矿区，材料复合示范基地；③在稀缺煤种矿区及资源枯竭矿区下充填绿色开采示范工程项目，扶持建设一批煤矸石下充	该实施方案对大宗固体废物的回收利用进行了详细的研究和推动，但还存在如下问题：①2013年中国尾矿综合利用率仅为18.9%，2015年为20%，综合利用率低，仍需大幅提升尾矿的综合利用；②目前，工业固废回收利用率不足70%，有色金属冶炼废渣更低，仅为50%，有色金属冶炼废渣更低，仅为18%，赤泥产生量虽小，但回收利用率低，

续表

政策名称	相关工程	工程内容	与重大行动计划的关系
大宗固体废物综合利用实施方案	粉煤灰重点工程	①建设5～6个粉煤灰大掺量、高附加值综合利用基地，形成若干煤—电—建材梯级利用产业集群；②支持技术先进、经济实力强的大中型企业，建设一批利用粉煤灰生产加气混凝土制品、轻质墙板、陶质等新型建材项目；③有序推进内蒙古、山西等地高铝粉煤灰综合利用示范项目建设，重点支持3～4条技术先进、副产物处理能力相配套的生产线；④扶持50家粉煤灰专业化综合利用骨干企业	为4%。各项工业固体废物仍需进一步提升回收利用率；③大宗固体废物的回收利用仅占3%，后期值不高，如尾矿等有价元素回收或高附加值利用，副产物需大幅提升大宗固体废物的高附加值利用，与国④大宗固体废物的各项回收利用技术进一步提升外仍有差距，需进一步提升
	工业副产石膏重点工程	①在全国建设20～30个脱硫石膏、磷石膏替代天然石膏生产新型建筑材料综合利用基地；②建设一批利用工业副产石膏直接用作水泥缓凝剂示范项目；③在贵州、云南、湖北、四川等磷石膏集中地区建设4～5个脱硫石膏、磷石膏改良土壤试点示范项目；④在宁夏、甘肃、云南、吉林等地建设4～5个磷石膏综合利用技术装备研发及产业化示范，形成一批具有自主知识产权的共性关键技术和装备；⑤组织工业副产石膏综合利用的共性关键技术和装备	
	冶炼渣重点工程	①在重点地区建设10个冶炼渣提取有价元素联产新型建材示范基地；②建设一批钢渣预处理和"零排放"示范项目；③建设10个利用高炉渣、钢渣复合粉生产水泥混凝土掺合料示范项目；④建设一批示泥综合利用示范装备	
	建筑废物重点工程	①在全国大中城市建设5～10个百万吨以上的建筑物生产再生骨料及资源化产品示范基地；②在有条件的地区建设5～10个建筑废物综合利用装备生产线示范项目	
	农作物秸秆重点工程	①在十三个粮食主产省建设一个年利用万吨以上的秸秆循环农业生态工程；②推进秸秆固化成型、秸秆气化等可再生能源开发，加快秸秆纤维乙醇关键技术研发；③建立若干木塑产业示范基地，扶持4～5家秸秆人造板、木塑生产企业，100～150家秸秆人造板、木塑生产企业；④在稻花主产区组织开展秸秆综合利用产业化试点建设；⑤依托现有造纸生产企业，加快推进秸秆清洁制浆项目示范	

综上，重大行动计划在制定具体内容时与"十二五"和"十三五"规划相关政策保持了一致性，同时也是"十二五"和"十三五"规划相关政策的重点工程的深入和补充。

7.4.3 组织实施与资金主要来源

资源循环替代体系示范工程涉及政府管理部门、行业协会、技术推广机构、科研单位等多个部门和组织。组织实施主要由商务部、国家发改委、工业和信息化部及科学技术部牵头，各部委和地方政府参与。

回收利用体系、技术研发、平台建设和试点示范等工程建设的资金主要来源于国家财政支持，部分资金来源于地方配套、企业自筹和社会资本投入。

7.5 政策需求

1. 完善产业规制和目录，强化行业标准

理顺各管理部门责权范围，避免交叉管理，减少监管漏洞，积极探索再生资源回收体系、城市垃圾清运体系两网合一，促进协同发展。完善产业信息统计，强化标准管理，加强回收、分类、分拣加工、运输储存、利用、污染控制技术等基础类和通用类标准的制订和衔接，形成有效的回收标准体系和质量检测体系，如制定废塑料国家统一的分类标准及检测方法，加强回收、加工、利用各环节的准入标准、技术标准和产品标准的衔接等。修订已不适应现阶段发展要求的政策，如修订禁止报废汽车废旧部件进入市场交易的规定等。加强执法，整顿和规范市场秩序，建立完善公平透明的市场规则体系，制定违规处罚机制，形成反向约束。对于尚未界定清楚的废旧物资，或者未纳入已有目录的废旧物资，进行编制和修订，如制定并发布《低值可回收物目录》，并根据情况适时调整；修订《废弃电器电子产品处理目录》，将太阳能电池组件等新品种电子电器废弃物纳入其中。

2. 完善技术配套政策，强化科技转化能力

不断推进和完善资源循环利用产业技术创新体系，确保产业发展的生命线。建立以企业为主体、市场为导向、科研院所和大专院校参与、产学研用结合的技术创新体系。修订和完善《电动汽车动力蓄电池回收利用技术政策》，建立配套政策，如动力电池的编码制度、废旧动力电池梯级利用政策，增加动力蓄电池回收利用的处罚机制。建立与国际接轨、适合中国国情的资源循环利用新技术、新产品示范转化推广应用机制，推动资源循环利用产业化进程。推动研发平台、技术转化平台、科技公共服务机构为企业技术创新服务，各研发检测机构向企业开放，提升企业持续创新能力。

3. 完善废物回收利用的激励政策，提高回收利废企业的积极性

再生资源回收与生活垃圾清运体系"两网协同"中，完善共享补贴支持政策，可尝试对低值回收工作进行补贴，对低价值废品收购与销售进行差价补贴等，同时可考虑将废品回收站点建设纳入垃圾分类奖励内容，通过区级奖励，鼓励街镇、居住区设置废品回收转运站、交投站，制定并发布《低值可回收物补贴目录》，并根据情况适时调整，明确补贴标准和补贴途径。增加废旧物资回收环节的增值税优惠，使部分大型回收企业或者利废企业能够抵扣进项税，平衡税负与优惠政策，逐步扩大增值税优惠范围，如报废汽车除冶炼金属及钢铁外的其他部件。健全资源回收利用成本及收益的合理分摊机制，采取财政、税收、价格等方面的政策发挥市场机制，提高废物综合利用企业及产品的市场竞争力。加强惩罚性税收政策，推进资源税费征收与综合利用水平相挂钩、资源补偿费征收与储量消耗挂钩，减少资源浪费和低值利用。

4. 大力发展再制造服务业，培育龙头企业

鼓励各类资本进入资源回收、分拣和加工利用领域，积极推进跨地区、跨行业、跨所有制的资产重组，借鉴葛洲坝大连环嘉合作模式，促进产业集聚和整合，打造中国资源循环利用产业世界 500 强企业。大力推进再制造的专业化、社会化运行服务，逐步形成专业化的系统服务外包市场，尝试开展合同再制造服务等新模式。大力发展再制造咨询服务业，鼓励再制造公司提供整体解决方案。培育再制造龙头企业，鼓励有基础的企业进入再制造领域，形成以连锁经营、合作经营等为主的全链条服务企业；培育再制造的"专精特新"服务企业，形成对大型企业的补充和配套。

5. 完善产品标识，引导绿色消费

充分运用媒体优势，倡导绿色低碳、环保健康、循环利用的生产生活方式，强化环保意识，营造全社会重视和支持再生产品利用的良好氛围。鼓励使用资源循环再生产品，强化政府绿色采购制度，将资源循环再生产品列入采购清单，示范带动绿色消费。出台全面系统的再制造产品标识管理办法，规范各类再制造产品标识的基本样式，制定各类再制造产品标识的实施规则，明确相应的鼓励和处罚措施，为绿色生产和绿色消费提供依据和保障。宣传推广废物资源回收利用的废料来源、工艺程序、产品用途等，提高全社会对资源回收利用产品的认识水平。

第8章 重大行动计划实施保障措施

8.1 制定产业技术创新政策，建立多层次技术平台

从国家层面和地方政府制定系统可行的节能技术和装备发展规划，明确重点节能技术、装备、产品的发展方向；完善节能标准体系，完善重点用能产品能效标准和重点行业能耗限额标准，促进节能技术和产品升级优化。完善知识产权和专利保护制度，制定关键节能技术和产品推广政策，推进产业技术创新。建立节能新技术推广机制、技术验证评估机制，促进技术产业化。建立以企业为主体、市场为导向，科研院所和大专院校参与、产学研用结合的技术创新体系。建立与国际接轨、适合中国国情的资源循环利用新技术、新产品示范转化推广应用平台，推动资源循环利用产业化进程。推动研发平台、技术转化平台、科技公共服务机构的发展，为企业技术创新提供更完备和更专业的服务，提升企业创新能力和核心竞争力。

8.2 完善技术成果应用推广机制，推进产业技术市场化

从成果推广应用系统运行、成果推广的经济激励机制、成果识别及筛选体系等方面建立健全中国科技成果应用推广相关政策。系统梳理中国为促进成果推广和应用制定的相关政策措施，分析目前成果推广和应用的信息机制、价格机制、投融资机制和风险机制，分别从技术应用风险、市场风险、制度风险、财务风险、信息不对称风险等方面研究风险规避措施。

建立针对关键技术成果的市场推广成熟度评价与筛选制度，通过系统评估市场占有率、市场接受度、市场收益、产品的经济性、产品的适用性、企业/行业认可度等得出技术成果的市场化推广状态和未来推广的可行性的综合评价结果，识别出适合市场化推广的技术成果，构建规范化、标准化、系列化的技术分类体系，形成分类清晰、覆盖全面、问题导向、供给和需求紧密对接的技术成果分类管理数据库。制定技术成果推广的价格构成标准和定价方式等相关规范。构建多层次、多渠道、多元化的融资机制，保证技术成果推广所需经费得到足够、稳定的供给。

8.3　更新行业标准与目录，推动技术产业良性循环

对已有目录与标准，应定期进行更新。持续实施中国工业能效提升计划，定期发布《高耗能落后机电设备（产品）淘汰目录》（第五批-第九批），淘汰落后电机、落后锅炉，同时制定其他工业、交通、建筑等领域落后高耗能产品和装备淘汰和限制目录。在重点用能企业推广余热余压利用、烧结烟气回收、低浓度瓦斯发电、能耗管控系统和监测等先进适用技术，定期发布节能技术、低碳技术推广目录，引导企业使用适用节能技术。继续实施国家节能产品惠民政策及能效领跑者计划，定期公布能源利用效率最高的空调、冰箱、风机、水泵、空压机等量大面广终端用能产品目录，推动高效节能产品市场消费。

对尚未界定清楚的废旧产品等回收利用，应尽快完善产业信息统计，强化标准管理，加强回收、分类、分拣加工、运输储存、利用、污染控制技术等基础类和通用类标准的制订和衔接，形成有效的回收标准体系和质量检测体系，如制定废塑料国家统一的分类标准及检测方法，加强回收、加工、利用各环节的准入标准、技术标准和产品标准的衔接等。修订已不适应现阶段发展要求的政策，如修订禁止报废汽车废旧部件进入市场交易的规定等。对于尚未界定清楚的废旧物资，或者未纳入已有目录的废旧物资，进行编制和修订，如制定并发布《低值可回收物目录》，并根据情况适时调整；修订《废弃电器电子产品处理目录》，将太阳能电池组件等新品种

电子电器废弃物纳入其中。

8.4 实行多元化财税政策与市场机制，鼓励社会资本加大投入

中国应适时完成由政策驱动向政策法规、市场需求、经济利益多方驱动的转变，推行灵活多样的经济政策，尽快落实 PPP 相关实施政策、促使排污权交易制度落地、创新第三方治理机制和实施方式、完善生态补偿制度等。同时中国应鼓励节能环保企业融资方式多元化，为企业通过贷款、基金、债券、股票、项目融资提供政策便利。中国绿色金融发展应首先从根本上建立与中国国情相对应的法律法规体系，其次，建立绿色信贷长效机制，提高中国绿色信贷模式效益，加强其与传统信贷相比的竞争优势，并且加强绿色金融产品创新，并在国内银行建立起各类节能产品节能效果的后期跟踪和评测，体现绿色金融的环境效益，如可以开发以节能收益为唯一还款来源的贷款项目。除对节能产品生产企业进行流动资金贷款或对节能减排项目进行项目融资外，对环境保护、能源节约产业涉及的咨询服务、绩效考核、跟踪维护也应提供有利的信贷支持。

8.5 重视节能环保产业国际贸易，促进产品与技术双输出

全球化背景下，政府在节能环保产品与服务的国际贸易迅速发展中起到关键作用。政府应为中国节能环保产业参与国际竞争扫除障碍，放宽出口管制、提供出口信息服务、减免出口关税、简化行政手续等。同时，政府可在国际组织中为环保企业争取权益，将环境外交和环境贸易相结合，通过积极参与国际贸易机构、提高国际环境标准等措施，与贸易伙伴采取多边行动，为中国环保产业占据国际市场提供有利条件，并充分利用中国"一带一路"倡议与项目援助，带动中国节能环保产品与技术的出口。除了国家层面的政策保障体系有待完善，中国企业对海外市场了解不充分，

相关市场信息缺乏，急需政府与社会机构、海外市场拓展经验丰富的行业龙头企业联手搭建节能环保产业国际贸易跨境专业信息、咨询和技术推广的公共服务平台，一方面应详细掌握国外行业信息，如相关行业准入要求、节能环保产业发展状况、技术发展水平、市场需求等，另一方面应针对国外社会信息进行系统调研与梳理，如目标国家或地区的社会形态、政治生态、合作国外公司诚信度等关键信息。该类公共服务平台将有效确保信息的及时性、共享性和对称性，规避中国企业"走出去"面临的多方风险。

参 考 文 献

北京市人民政府. 2011. 北京市"十二五"时期城市信息化及重大信息基础设施建设规划. http://zhengce. beijing. gov. cn/zfwj/25/26/421256/12476/index. html[2018-9-29].

财政部. 2017. 关于开展田园综合体建设试点工作的通知. http://www.mof.gov. cn/mofhome/guojianongcunzonghekaifa/zhengwuxinxi/zhengcefabu/xiangmuguanlilei/201706/t20170601_2613307. html[2018-9-29].

财政部, 国家发展和改革委员会. 2011. 国家节能减排财政政策综合示范城市名单 (第一批次). http://china-esi. com/Article/43002. html[2018-9-29].

财政部, 国家发展和改革委员会. 2013. 国家节能减排财政政策综合示范城市名单 (第二批次). http://jjs.mof.gov.cn/zhengwuxinxi/tongzhigonggao/201310/t20131017_1000321. html[2018-9-29].

财政部, 国家发展和改革委员会. 2014. 国家节能减排财政政策综合示范城市名单 (第三批次). http://jjs.mof.gov.cn/zhengwuxinxi/tongzhigonggao/201410/t20141028_1154560. html[2018-9-29].

财政部政府和社会资本合作中心. 2017. 全国 PPP 综合信息平台项目库第 7 期季报. http://jrs. mof. gov. cn/ppp/dcyjppp/201710/t20171027_2736103. html[2018-9-29].

柴发合, 罗宏, 裴莹莹. 2010. 发展低碳经济的战略思考. 生态经济, 232(11): 89-97.

陈宗伟. 2016. 从比较法视角论国外低碳立法对我国的启示及建议. 河北法学, 34(11): 24.

戴志国. 2011. 机遇与挑战: 互联网时代的政府管理. 理论导刊, (12): 29-31.

方创琳, 王少剑, 王洋. 2016. 中国低碳生态新城新区: 现状、问题及对策. 地理研究, 35(9): 1601-1614.

冯慧娟, 裴莹莹, 罗宏, 等. 2016. 论我国环保产业的区域布局. 中国环保产业, (3): 11-15.

工业和信息化部. 2012. 工业节能"十二五"规划. http://www.miit.gov.cn/n1146285/n1146352/n3054355/n3057542/n3057544/c3864850/content.html[2018-9-29].

工业和信息化部. 2016a. 工业绿色发展规划(2016-2020 年). http://www.shcpo.com.cn/index.php/law/gjbwwj/245-2016-2020[2018-9-29].

工业和信息化部. 2016b. 关于印发工业绿色发展规划(2016-2020 年)的通知. http://www.miit.gov.cn/n1146295/n1652858/n1652930/n3757016/c5143553/content.html [2018-9-29].

工业和信息化部. 2017. 关于加快推进环保装备制造业发展的指导意见. http://www.miit.gov.cn/newweb/n1146295/n1652858/n1652930/n3757018/c5874307/content.html[2018-9-29].

工业和信息化部, 财政部. 2016. 智能制造发展规划(2016-2020 年). http://www.miit. gov. cn/n1146295/n1652858/n1652930/n3757018/c5406111/content. html[2018-9-29].

工业和信息化部, 财政部, 科学技术部. 2012. 关于同意资源节约型环境友好型企业创建试点实施方案的批复. http://bzj. miit. gov. cn/n1146290/n1146397/c4241070/content.html[2018-9-29].

广东省人民政府. 2011. 珠江三角洲地区改革发展规划纲要(2008-2020 年). http://www.scio.gov.cn/xwfbh/xwbfbh/wqfbh/2014/20140610/xgzc31037/Document/1372733/1372733.htm[2018-9-29].

广东省人民政府. 2016. 广东省国民经济和社会发展第十三个五年规划纲要. http://zwgk.gd. gov. cn/006939748/201801/t20180113_748467. html [2018-9-29].

广东省战略性新兴产业发展领导小组办公室. 2013. 2013 年广东省战略性新兴产业发展报告.

国家发展和改革委员会. 2004. 节能中长期专项规划. http://www.ndrc.gov.cn/fzgggz/fzgh/ghwb/gjjgh/200709/P020150630514057186501. pdf[2018-9-29].

国家发展和改革委员会. 2011. 大宗固体废物综合利用实施方案. http://www.ndrc. gov.cn/zcfb/zcfbtz/201112/t20111229_453571. html[2018-9-29].

国家发展和改革委员会. 2010. 关于开展低碳省区和低碳城市试点工作的通知. http://www.gov.cn/zwgk/2010-08/10/content_1675733. htm[2018-9-29].

国家发展和改革委员会. 2014a. 关于开展生态文明先行示范区建设(第一批)的通知. http://www.ndrc. gov. cn/gzdt/201408/t20140804_621195. html[2018-9-29].

国家发展和改革委员会. 2014b. 国家重点推广的低碳技术目录. http://www.ndrc. gov.cn/gzdt/201409/W020140905586654418075. pdf[2018-9-29].

国家发展和改革委员会. 2014c. 中国资源综合利用年度报告(2014). http://www.ndrc. gov.cn/xwzx/xwfb/201410/t20141009_628793. html[2018-9-29].

国家发展和改革委员会. 2015. 国家重点推广的低碳技术目录(第二批). http://www.ndrc.gov. cn/zcfb/zcfbgg/201512/W020151218508395358163. pdf[2018-9-29].

国家发展和改革委员会, 住房和城乡建设部. 2016. 长江三角洲城市群发展规划. http://www.ndrc.gov.cn/zcfb/zcfbtz/201606/W020160603328332453586. pdf[2018-9-29].

国家发展和改革委员会, 财政部, 住房和城乡建设部. 2015. 关于开展循环经济示范城市(县)建设的通知. http://www.ndrc.gov.cn/gzdt/201509/t20150924_752110.html[2018-9-29].

国家发展和改革委员会, 科学技术部, 工业和信息化部, 等. 2016a. "十三五"节能环保产业发展规划. http://hzs.ndrc.gov.cn/newzwxx/201612/t20161226_832641. html[2018-9-29].

国家发展和改革委员会, 科学技术部, 工业和信息化部, 等. 2016b. "十三五"全民节能行动计划. http://www.ndrc.gov.cn/zcfb/zcfbtz/201701/t20170105_834480. html[2018-9-29].

国家统计局能源统计司. 2013. 中国能源统计年鉴 2013. 北京: 中国统计出版社.

国务院. 2011a. "十二五"节能减排综合性工作方案. http://www.gov.cn/zwgk/2011-09/07/content_1941731. htm[2018-9-29].

国务院. 2011b. 关于"十二五"控制温室气体排放工作方案的通知. http://www.gov.cn/zwgk/2012-01/13/content_2043645. htm[2018-9-29].

国务院. 2012a. "十二五"节能环保产业发展规划. http://www.gov.cn/zwgk/2012-06/29/content_2172913. htm[2018-9-29].

国务院. 2012b. "十二五"节能减排规划. http://www.gov.cn/zwgk/2012-08/21/content_2207867. htm[2018-9-29].

国务院. 2013. 国务院关于加快发展节能环保产业的意见. http://www.gov.cn/zwgk/2013-08/11/content_2464241. htm[2018-9-29].

国务院. 2016. "十三五"节能减排综合工作方案. http://www.gov.cn/zhengce/content/2017-01/05/content_5156789. htm[2018-9-29].

国务院办公厅. 2014. 2014-2015 年节能减排低碳发展行动方案. http://www.gov.cn/zhengce/content/2014-05/26/content_8824. htm[2018-9-29].

国务院发展研究中心. 2009. 2050 中国能源和碳排放报告. 北京: 科学出版社.

和君节能环保研究中心(和谨咨询). 2017. 节能环保产业上市公司发展报告(2016 年度). http://www.hbzhan. com/news/detail/dy118507_p1. html[2018-9-29].

环境保护部. 2013. 关于开展第六批全国生态文明建设试点工作的通知. http://www.mee. gov. cn/gkml/hbb/bh/201310/t20131021_261919. htm[2018-9-29].

环境保护部. 2014. 2013 年中国环境状况公报. http://www.mee.gov.cn/gkml/sthjbgw/qt/201407/t20140707_278320. htm[2018-9-29].

环境保护部. 2016. 京津冀大气污染防治强化措施(2016-2017 年). https: //wenku. baidu. com/view/8cc1512a2e60ddccda38376baf1ffc4ffe47e2c8. html[2018-9-29].

环境保护部, 科学技术部, 商务部. 2017. 关于发布国家生态工业示范园区名单的通知. http://www.mee. gov. cn/gkml/hbb/bwj/201702/t20170206_395446. htm[2018-9-29].

黄晔. 2016. 我国环境污染第三方治理制度研究. 苏州: 苏州大学硕士学位论文.

科学技术部. 2014. 国家科技计划年度报告(2014).

科学技术部. 2017. "十三五"先进制造技术领域科技创新专项规划. http://www.most. gov.cn/mostinfo/xinxifenlei/fgzc/gfxwj/gfxwj2017/201705/t20170502_132597.htm[2018-9-29].

科学技术部, 国家发展和改革委员会, 工业和信息化部, 等. 2012. 废物资源化科技工程"十二五"专项规划. http://www.mee.gov.cn/gkml/hbb/gwy/201206/t20120619_231910. htm[2018-9-29].

李博洋, 顾成奎. 2011. 我国节能服务业发展现状与展望. 中国科技投资, (10): 31-34.

李海舰, 田跃新, 李文杰. 2014. 互联网思维与传统企业再造. 中国工业经济, (10): 135-146.

李绍萍, 郝建芳, 王甲山. 2015. 国外低碳经济税收政策经验及对中国的启示. 生态经济(中文版), (8): 102-108.

刘璐璐. 2016-09-21. 中石化"雄县模式"领跑全国地热供暖. 经济参考报, 第 A03 版.

刘扬, 左宪禹. 2014. 关于媒体神经认知计算跨学科研究的思考. 计算机教育, (23): 48-52.

罗珉, 李亮宇. 2015. 互联网时代的商业模式创新: 价值创造视角. 中国工业经济, 57(1): 95-107.

罗佐县. 2017. "雄县模式"如何升级"雄安模式". 中国石油石化, (9): 30.

马中, 徐湘博, 赵航, 等. 2017. 论"土十条"污染耕地修复资金需求及实现机制. 环境保护, (16): 43-46.

欧阳春香. 2015-12-03. E20 环境平台瞄准环保业纵深服务. 中国证券报.

裴莹莹, 杨占红, 罗宏, 等. 2016. 我国发展节能环保产业的战略思考. 中国环保产业, (1): 13-18.

钱爱民, 张晨宇, 步丹璐. 2015. 宏观经济冲击、产业政策与地方政府补助. 产业经济研究, (5): 73-82.

任维彤, 王一. 2014. 日本环境污染第三方治理的经验与启示. 环境保护, 42(20): 34-38.

赛迪智库. 2016-11-3. 国外工业低碳发展政策综述. 中国财经报, 第二版.

商务部. 2016a. 关于促进绿色消费的指导意见. http://www.gov.cn/xinwen/2016-03/02/5048002/files/e0d02a75cff54a3fb51e59295d852245. pdf[2018-9-29].

商务部. 2016b. 中国再生资源回收行业发展报告(2016). http://lczx. mofcom. gov. cn/article/zxyw/smlttj/201608/20160801370012. shtml[2018-9-29].

商务部, 科学技术部, 公安部, 等. 2007. 再生资源回收管理办法. http://www.mofcom. gov. cn/aarticle/swfg/swfgbh/201101/20110107352011. html[2018-9-29].

商务部, 国家发展和改革委员会, 国土资源部, 等. 2015. 再生资源回收体系建设中长期规划(2015-2020 年). http://www.mofcom.gov.cn/article/h/redht/201501/2015010078083. shtml[2018-9-29].

上海市人民政府. 2016. 上海市推进智慧城市建设"十三五"规划. http://www.shanghai. gov. cn/nw2/nw2314/nw39309/nw39385/nw40603/u26aw50147. html[2018-9-29].

陶长琪, 周璇. 2015. 产业融合下的产业结构优化升级效应分析——基于信息产业与制造业耦联的实证研究. 产业经济研究, (3): 21-31.

天津市人民政府. 2016. 天津市智慧城市建设"十三五"规划.

田智宇. 2013. 我国节能产业发展现状、趋势与建议. 中国经贸导刊, (5): 13-16.

王福波, 冯全普. 2010. 国外发展低碳经济的立法考察及对我国的启示. 中国行政管理, (10): 77-80.

王玲, 田稳苓. 2011. 建筑节能产业发展模式与实施建议. 商业经济研究, (9): 124-125.

王腾. 2015. "互联网+"时代下我国环境监管面临的机遇与挑战. 环境保护, (17): 48-51.

王昕. 2009. 推进我国节能服务产业发展对策研究. 青岛: 中国石油大学(华东)硕士学位论文.

王治平. 2011. 中国区域能源效率评价与分类研究. 农业现代化研究, 32(10): 82-85.

夏重凯. 2016. 动力电池梯次利用现状及政策分析. 汽车与配件, (38): 42-45.

徐匡迪. 2016. 技术创新引领循环经济发展. 环境经济, (z4): 50-51.

徐林, 凌卯亮. 2016. 我国城市生活固体废弃物的治理机制研究——基于杭州市的多案例分析. 中共浙江省委党校学报, 32(4): 69-75.

薛婕, 马忠玉, 罗宏, 等. 2016. 我国环保产业的技术创新能力分析. 中国工程科学, 18(4): 23-31.

于可利. 2016. 废弃电器电子产品中的稀贵金属回收利用. 资源再生, (1): 46-48.

余敦涌. 2017. 环保产业发展指数测算与企业效率分析. 天津: 天津工业大学硕士学位论文.

曾国安, 伍晓亮. 2016-05-22. 环保产业联盟: 环境治理供给侧改革的新模式. 光明日报, 06 版.

张庆丰, 罗伯特·克鲁克斯. 2012. 迈向环境可持续的未来中华人民共和国国家环境分析. 北京: 中国财政经济出版社.

张瑶瑶. 2017-06-20. 绿色金融平台助力治霾攻坚. 中国财经报, 第三版.

张颖熙. 2013. 我国节能服务业发展的现状、问题和对策建议. 资源环境, 6: 39-42.

赵振. 2015. "互联网+"跨界经营: 创造性破坏视角. 中国工业经济, (10): 146-160.

中共中央, 国务院. 2014. 国家新型城镇化规划 (2014-2020). http://www.gov.cn/zhengce/2014-03/16/content_2640075. htm[2018-9-29].

中共中央政治局. 2015. 京津冀协同发展规划纲要.

中国-东盟(上海合作组织)环境保护合作中心. 2016. "一带一路"生态环境蓝皮书——沿线重点国家生态环境状况报告 (2015). http://www.greensr.org/article/content/view?id=147[2018-9-29].

中国工程科技发展战略研究院. 2014. 中国战略性新兴产业发展报告 2015——节能环保产业篇. 北京: 科学出版社.

中国工程科技发展战略研究院. 2015. 中国战略性新兴产业发展报告 2016——节能环保产业篇. 北京: 科学出版社.

中国工程科技发展战略研究院. 2016. 中国战略性新兴产业发展报告 2017——节能环保产业. 北京: 科学出版社.

中国工业节能与清洁生产协会. 2013. 2013 中国节能减排发展报告: 新改革背景下的产业转型升级. 北京: 中国经济出版社.

中国环保产业协会. 2017a. 中国环境保护产业发展报告(2016).

中国环保产业协会. 2017b. 中央财经大学绿色经济与区域转型研究中心. 2016 年环保产业景气报告: A 股环保上市企业.

中国家用电器研究院电器循环技术研究所. 2017. 中国废弃电器电子产品回收处理行业白皮书 2016. http://www.njtdhj. com/ctt/34/79. htm[2018-9-29].

中国节能协会节能服务产业委员会. 2013. 2012 年度中国节能服务产业发展报告. http://e-mag. emca. cn/n/20130225102957. html[2018-9-29].

中国科学院可持续发展战略研究组. 2011. 2011 中国可持续发展战略报告. 北京: 科学出版社.

朱伯玉, 邢同卫, 李洋. 2013. 国外发展低碳经济的法律考察. 山东理工大学学报(社会科学版), 29(6): 30-35.

Callahan C M, Vendrzyk V P, Butler M G. 2012. The impact of implied facilities cost of money subsidies on capital expenditures and the cost of debt in the defense industry. Journal of Accounting and Public Policy, 31(3): 301-319.

Chesbrough H W, Appleyard M M. 2007. Open Innovation and Strategy. California Management Review, 50(1): 57-76.

Christiansen J K, Varnes C J, Gasparin M, et al. 2010. Living twice: How a product goes through multiple life cycles. Journal of Product Innovation Management, 27(6): 797-827.

European Commission. 2011. Directive of the European Parliament and of the Council on Energy Efficiency and Repealing Directives 2004/8/EC and 2006/32/EC.

International Energy Agency. 2013. CO_2 Emissions from Fuel Combustion 2013. Oecd

Observer: 60-78.

International Energy Agency. 2016. CO_2 Emissions from Fuel Combustion 2016. Oecd Observer, (3): 3.

International Energy Agency. 2016. Energy Efficiency Market Report 2016. https://webstore. iea.org/energy-efficiency-market-report-2016.

Mok K L, Han S H, Choi S. 2014. The implementation of clean development mechanism(CDM) in the construction and built environment industry. Energy Policy, 65(2): 512-523.

Prahalad C K, Ramaswamy V. 2004. Co-creation experiences: The next practice in value creation. Journal of Interactive Marketing, 18(3): 5-14.

U.S. Department of Commerce. 2017. 2017 Top Markets Report: Environmental Technologies. https://www.trade.gov/topmarkets/environmental-tech.asp[2018-9-29].